ガーミン
G1000 の使い方
（初級編）

横田友宏

鳳文書林出版販売

目　次

最初にこの本を読むに当たって ……………………………………… 7

操縦とは ………………………………………………………………… 9

何故グラスコックピットなのか ……………………………………… 12

G1000の基本仕様 ……………………………………………………… 13

　電源の入れ方 ………………………………………………………… 13

　スイッチ操作 ………………………………………………………… 14

　PFDの画面 …………………………………………………………… 17

Attitude Indicator（アティチュード　インディケータ） ……… 19

　ピッチ角 ……………………………………………………………… 25

　バンク角 ……………………………………………………………… 30

計器のスキャン ………………………………………………………… 40

シンセティック　ビジョン（synthetic vision） ………………… 46

UNUSUAL ATTITUDE …………………………………………………… 47

HSI（エッチエスアイ　Horizontal Situation Indicator
　　　ホリゾンタル　シチュエーション　インディケータ ……… 49

VOR、ILSの選局 ……………………………………………………… 52

　RMI（Radio Magnetic Indicator）とBearing ………………… 64

仙台ILS Y27アプローチ ……………………………………………… 76

　ミストアプローチ …………………………………………………… 93

アルティメーター（高度計） ………………………………………… 105

　ミニマムのセットの仕方 …………………………………………… 112

バーティカルスピード　インディケーター（昇降計） …………… 115

速度計 …………………………………………………………………… 118

コミュニケーション …………………………………………………… 124

XPDR …………………………………………………………………… 130

タイマー ………………………………………………………………… 139

ニアレスト ……………………………………………………………… 142

風 ………………………………………………………………………… 146

RAIM予測 ……………………………………………………………… 149

LRU INFO ……………………………………………………………… 155

パーシャルパネル ……………………………………………………… 159

FUELのセット ………………………………………………………… 171

バンク角の表示 ………………………………………………………… 175

G1000の警報 …………………………………………………………… 177

対地接近警報　Terrain-SVS alert ………………………………… 179

オーラルアラート ……………………………………………………… 182

付録 ……………………………………………………………………… 184

　SIMiONIC　G1000 …………………………………………………… 185

3

前　書

　昔の飛行機は高度計は高度計、姿勢指示器は姿勢指示器と一つの計器が一つの機能しか持たず、そんな計器が非常にたくさん付いていました。
　アメリカではこれらの古い計器の事を Steam Gauge と呼ぶこともあります。

　このタイプの計器は、パイロットが複数の計器を見て、自機の状況を想像しなければなりませんでした。ワークロードが大きく大変ですし、読み間違いなどの様々な間違いが生じます。

　そこで、ブラウン管や LED ディスプレイに様々な情報を統合して映し出す、グラスコックピットが生み出され、ほとんどの大型機で採用されています。

　現代の航空機では小型機といえどもグラスコックピットが、あたりまえになってきました。その中でも GARMIN 社製の G1000 という計器が多くの飛行機で採用されています。

　G1000 が装備された機体では、管制官との無線通信をする周波数の切り替えから、トランスポンダーのセット、VOR、ILS 等のナビゲーションのセットにいたるまで、ほとんどの操作を G1000 のセットで行うことになります。

　逆から言うと、G1000 が正しく使えなければ、飛行機を安全に飛ばすことができません。

しかしながら現在のところ、日本語で書かれた G1000 の適切なマニュアルは広く流布されてはいません。また英語版のマニュアルは、詳細なものは 600 ページを超え、簡易的なものでさえ 150 ページを超えます。

この本では、G1000 の使い方、特に通常フライトをするのに必要なことに焦点をあてて書いてみました。

G1000 は RNAV ルートを飛んだり、インスツルメントアプローチを行ったり、さらにはシンセティック ビジョンを使ったりできます。これらについては上級編で書くつもりにしています。

G1000 を正しく理解し、より安全なフライトを目指してください。

2019 年 5 月 15 日

横田　友宏

注；この本に書かれていることは、あくまで著者の個人的な見解です。いかなる会社、組織、団体の考えを述べたものでもありません。またこの本に書かれていることよりも国の規則、各航空会社の規定、その他のドキュメント、製造会社から出されているマニュアルやその他のドキュメントが優先します。この本に書かれたことを実践して起きるすべてのことの責任はあくまで読者にあります。著者及び出版社はこの本に書かれたことを実践して起きた結果に対して、いかなる責任も持ちません。

　詳しくは GARMIN 社が出している G1000 のマニュアルやハンドブックあるいは各機体メーカーが出している POH を見てください。また内容に齟齬がある場合は、必ず、航空法、FAR、US-AIM、GARMIN 社マニュアル、機体メーカーの POH を優先させてください。

注；この本の中で使っている、飛行機内外の図や GARMIN G1000 の図は Xplane を作っている Laminar Research 社の許可を受けて Xplane の作動画面をキャプチャーしたもの及び SIMiONIC 社の許可を受けて画面をキャプチャーしたものです。

注；この本の中で使われているチャートは、国土交通省が提供しているサイト AIS　JAPAN の中の AIP から転載したものです。
https://aisjapan.mlit.go.jp/LoginAction.do

注；G1000 用のナブデーターベースの最新版、及びシミュレーター用のチャート類は有料ですが
Navigraph からダウンロードできます。
https://www.navigraph.com/Default.aspx

最初にこの本を読むに当たって

この本を読むに当たってどちらか、用意して欲しいものがあります。一つは iPad それも9.7 インチ以上のもので、SIMiONIC 社の G1000 というアプリが動くものに SIMiONIC の G1000　PFD と MFD を両方インストールしてください。

SIMiONIC 社の G1000 は 2 台の iPad にそれぞれ、PFD と MFD をインストールして、Blue Tooth でつなぐと連動させることもできます。

また BRIDGE という特別なソフトが必要ですが、PFD はパソコンシミュレーションソフトの FSX や Xplane11 と連動させることもできます。

あるいは、Windows でも Mac でも良いので、パソコンに Xplane というソフトをインストールしてください。Xplane には無料のデモ版もありますが、デモ版でも G1000 の基本的な使い方を覚えるのには使えます。Xplane11 に最初からついてくるセスナには G1000 がついた機体があります。Xplane は安定度も高いため、ぜひご自分のパソコンに入れてください。本物への忠実度という点からは SIMiONIC に軍配が上がりますが、パソコンのシミュレーションソフトは訓練に非常に有効です。

G1000 を使えるようになる、一番の方法は自分で動かしてみることです。この本に書かれていることを、すぐに SIMiONIC か Xplane11 のどちらかで試してみて、実際に操作と表示の変化を体験するのが、理解の一番の早道だと言えます。

タブレットを買う場合、iPad それも SIMiONIC G1000 が動いて、かつ GPS が使えるものがお勧めです。現代のエアラインでは、EFB（エレクトリック　フライト　バッグ Electric Flight Bag）といって、各種のマニュアル類を電子化して使っています。その EFB は、ほとんどが iPad です。今から操作に慣れておくのが有利です。さらに iPad には様々な航空用のアプリがあります。

パソコン用のフライトシミュレーションソフトは、STEAM FSX、PREPAR3D、Xplane と大きく分けて 3 種類あります。それぞれ一長一短あるのですが、Xplane は Windows、Mac、Linux とどの OS にも対応していますし、最初から G1000 が搭載された機体が付いてくるので、他のソフトを買わなくてすみます。　（グラフィックボードだけは、高性能のものがあった方が良さそうです）

8

操縦とは

操縦とは、飛行機を望ましい状態にすることです。

その為には、望ましい状態がどのような状態かをわかることが必要です。最適な状態は、気象、他の航空機の位置、便ごとのテーマで変わります。

次に望ましい状態に飛行機をできることが必要です。

操縦の基本は、外界との関係の中で飛行機の姿勢を望む状態にし、エンジンの出力を望む状態にし、ギアやフラップなどの形態を望む状態にすることです。

機体の姿勢を制御するのに、身体に感じる G（ジー　加速度）の感覚だけで飛んでいるパイロットは年齢を重ねるとめちゃくちゃ下手になります。G を感じるセンサーの衰えと同時に上手く飛ぶことができなくなります。姿勢の記憶と数字で飛ぶパイロットは、年齢とともに経験値が増し上手くなります。

操縦そのものに、持っている意識や脳の活動の 100%をあててはいけません。操縦には 30%から 50%の意識や脳の活動をあて、他の脳の活動は、気象を含む情報の収集、ATC（航空交通管制　Air Traffic Control）、管制官の意図の察知、他機の動向、将来の予測などに使います。

高度が低いからコントロールホイールを引く、高度が高いからコントロールホイールを押すというように、情報から単純な操作をする方法では飛行機をうまく操縦することはできません。もし小型機でこのような操縦方法で飛べたとしても、大型機では通用しません。

飛行機の姿勢を変えるときは、明確なターゲットを持って、この姿勢に変化させようという目標値を持って、その姿勢になるようにコントロールホイールを操作します。

理想的な操縦

例えば、外が見えるときで空気が静穏状態の場合、飛行機を降下させたいときは、まず、どの姿勢（ピッチ）にするかを明確にイメージします。次にコントロールホイールを数 cm 程度じわーと押す方向に動かし、ピッチが下がるのを待ちます。自分がイメージした姿勢になったら、その位置を保つようにコントロールホイールを少しだけ引きます。コントロールホイールをその位置に保つ力をゼロにするように、エレベータートリムをとります。

イメージした姿勢（ピッチ）が正しいかどうかを計器で検証します。まだピッチが高ければカウリングの部分と水平線の間を後 1cm 下げようというように、イメージしてその姿勢になるようにコントロールホイールを数 mm 押す方向に動かし、ピッチが下がるのを待ちます。所望の姿勢（ピッチ）になったら、その姿勢を維持するように、コントロールホイールを数 mm 程度引きます。

姿勢（ピッチ）修正量は、カウリングと水平線の間の距離を 1cm 単位、場合によっては 5mm 単位で行います。

9

変化に対する修正量が大きすぎるといつまでたっても安定しません。コントロールホイールを5cm押し、5cm引くというような操縦では飛行機が安定しません。

大きな修正量で修正しようとするといつまでも安定しません。
例えば水平飛行で50ft高くなった時に、1000ft/minで降下させれば、数秒後には所望の高度になり、再びピッチを上げなければなりません。これを250ft/minで降下させれば所望の高度になるまでに4倍の時間がかかり、その間、高度に集中しなくてもよくなります。

一方、所望の高度に対する高度差が大きな時に、緩慢な修正では時間がかかりすぎます。適切な修正の動きが必要です。

一般的にずれが大きい場合は大きなレートで修正し、ずれが小さい場合は小さなレートで修正するのが望ましいと言えます。

ピッチを保つのに、ゆっくりと一定の位置にコントロールホイールを置いて、ピッチの変化を待つのではなく、コントロールホイールを押したり引いたりしながら姿勢を保つやり方は、客室がつねに前後に揺れることになり、旅客機では避けなければなりません。

目的とする姿勢を保持するのに、コントロールホイールを押し続けなければいけない時には、ダウン側にエレベータートリムを動かします。
目的とする姿勢を保持するのに、コントロールホイールを引き続けなければいけない時には、アップ側にエレベータートリムを動かします。

トリムをとらずに力をかけて手で支えている飛び方では、チャートを見たり、航法計算盤をいじったりすると、手で支える力が変わり、高度やバーティカルスピードが変わってしまいます。
トリムがとれた状態では、他のものを見たり、意識が違うものに向けられても、飛行機は、それまでの高度やバーティカルスピードを維持します。

トリムはコントロールホイールを適切な位置に保つための、力を抜くために使います。
間違ってもトリムを操縦の第一手段に使って、トリムで操縦するようなことをしてはいけません。

コントロールホイールを、強い力で握りしめると、トリムが適切かどうかがわかりません。コントロールホイールは柔らかく握らなければなりません。

方向の修正
飛行機はバンクをつけて飛行機を傾かせることで方向を変えます。
方向を大きく変えるときには、自分が何度までバンクを入れるのかターゲットのバンクを決め、そのままバンクを保持して、目標の手前で適切なロールアウト角がきたらロールア

ウトを開始します。ロールアウト角はバンクの量とバンクの戻し方で変わります。

　バンクをつけるときはコントロールホイールをそちら側に回します。右旋回の場合、まずある角度までコントロールホイールを右に回します。この角度が大きければ大きいほど、急激に右に傾きます。目的のバンク角が近づいてきたら、コントロールホイールを左に戻します。どこまで戻すかはその時の速度やバンク角、機種により変わります。

　一般的に 10 度などの浅いバンクでは、バンクが戻って水平になろうとしますので、同じバンク角を維持するために、コントロールホイールはバンクを深くする方向に少し回した位置で釣り合います。45 度などの深いバンクの場合、コントロールホイールはバンクを浅くする方向で釣り合います。多くの飛行機では、右 45 度バンクで釣り合い旋回をしている場合、コントロールホイールは水平より少し左に回した位置で釣り合うことになります。

　コントロールホイールを急激に大きな角度回すことは客室で G を感じるために望ましいことではありません。
　また、気流が安定している状態でコントロールホイールを左右に小刻みに回し続けるのも望ましいことではありません。

小さな方向の修正
　わずかな量だけ、方向を修正する場合は、ある値までゆっくりとバンクを入れ、そのバンクになったらゆっくりとバンクを戻して水平にするという操作で方向を修正します。何度バンクをつけて戻すかは方向の修正量で変わります。

　ILS（アイエルエス　Instrument Landing System）のローカライザーにフォローする場合には、1 度単位、2 度単位で方向を修正します。この場合は、修正する方向と同じ量のバンク角をつけて、それを水平に戻す方法が望ましいといえます。
　例えばですが、右に 3 度方向を修正したい場合、ゆっくりと右に 3 度バンクをつけ、それを戻すと 3 度方向が変わっているのが理想です。

何故グラスコックピットなのか

　最初飛行機が飛び始めたときには、計器はほとんどありませんでした。そのうち、高度を測る高度計、速度を測る速度計というように空気に対しての情報を示す計器がつき始めました。さらには方向を示す計器、位置を示す計器というように徐々に計器が増えてきました。

　私が30年近く飛んで、2009年7月に日本の空から姿を消した747クラッシックでさえ、グラスコックピットではなく、高度計、速度計と計器は一つ一つ別れ、さらに機械的に動く計器でした。

　小型機の世界でも、まだ多くの一つ一つに分かれた、機械式の計器を積んだ飛行機が存在します。この機械式の計器は超精密な計器です。その修理には特別な技量を持った整備士が必要です。現代ではそのような技量を持った整備士が、どんどん少なくなってきています。

　従来型の個別に分かれた計器では、パイロットは一つ一つの計器が示す情報を頭の中で統合し、飛行機の状況を把握しなければなりません。また飛行機の位置を示す計器が旧式で、どこを飛んでいるかを把握するには熟練のパイロットが必要でした。

　これらの問題を解決するために、グラスコックピットが導入されました。グラスコックピットとは、様々な情報をディスプレイ上に表示する方法です。様々な計器を統合して、情報を1箇所に表示できるために、パイロットは飛行機の置かれている状況を簡単に把握できます。またディスプレイの画面上に、様々な警報や、警告を表示させることもできます。基本的には、コンピューターとディスプレイ画面ですので、整備も簡単です。

- 情報を統合して表示できる
- 地図上に自分の位置を表示できる
- 様々な警告、注意を表示することができる
- 整備が容易である

というようなメリットがあります。現代では、このグラスコックピットが主流になっています。今、新しく作られている飛行機のほとんどが、グラスコックピットと呼ばれる、計器を装備しています。

G1000 の基本仕様

1 が PFD です。 2 がオーディオパネルです。 3 が MFD です。

　通常 G1000 は PFD（ピーエフディ）と呼ばれる、飛行機の状態を示す計器と、MFD（エムエフディ）と呼ばれる、主としてエンジンの状態と、飛行機の位置を示す計器にわかれます。両者は基本的に同一の操作パネル、同一のディスプレイパネルを持っています。

　これに、PFD と MFD の間に、オーディオの操作パネルが付いたのが、基本的なセットです。

　さらにオプションとして、オートパイロットの操作パネルがあります。オートパイロットシステムは機種毎に、G1000 上に、オートパイロットの操作パネルが付いている場合、G1000 とは独立したオートパイロットの操作パネルが付いている場合、オートパイロットが付いていない場合の 3 種類があります。

電源の入れ方

　機種毎に違いますが、まず飛行機のバッテリースイッチを ON にして、機体に電気を供給します。次に、飛行機のアビオニクスマスターと呼ばれるスイッチをオンにして、計器システムに電気を供給します。さらに、G1000 のパネルの左上のマスタースイッチを押してオンにして、G1000 に電気を供給します。

　注：バッテリースイッチ、アビオニクスマスターについては、詳しくは各機種のマニュアルを参照ください。

スイッチ操作

　G1000 のスイッチは、単機能のスイッチはほとんどありません。ほとんどのスイッチが、押す、外側のノブを左右に回す、内側のノブを左右に回すというように複数の動きをします。特に変わっているのが、右側の RANGE（レンジ）のスイッチです。このスイッチは通常は左右に回転させることによって、地図の大きさを変えることができます。さらに、このスイッチを押すことによって、上下、左右、斜めに動いて、画面上のカーソルをジョイスティックのように動かすことができます。

　また画面の下には、ソフトキーと呼ばれるボタンがあります。このスイッチの役割は、画面の下に表示されます。同じボタンが、その時々によって様々な役割をします。

　上の図では赤い丸が外側を回転させられる
　青い丸が内側のノブを回転させられる
　オレンジ色のノブは回転させられると同時に、任意の方向に動かせる
　緑の四角は押して左右を切り替える
　黄色の星は押せる

　を表しています。

　ソフトキーは何層もの階層になっています。例えば XPDR（トランスポンダー）と書かれた部分の下にあるキーを押すと、

　ソフトキーが STBY（スタンバイ）とか ON（オン）、ALT（アルト）、GND（グランド）、VFR（ブイエフアール）、CODE（コード）、IDENT（アイデント）とトランスポンダーの運用に必要なキーが出てきます。ここで CODE と書かれたソフトキーを押すと、

　ソフトキーが数字に対応したものになります。ここで管制官に指示された、あるいは決まっているコードを順番に 4 つソフトキーを押します。そうすると管制レーダーからの質問信号に対して、トランスポンダーコードが付いた情報が返答され、管制官卓にあるレーダースコープで自分の飛行機が識別されます。

PFD の画面

G1000 の PFD 画面はいくつかの部分に分かれます。

1. 上端の左端は、VOR/ILS（ブイオーアール　アイエルエス）のスタンバイ周波数と、周波数が表示されます。

2. 上端中央部は、上下 2 段に分かれます。上側は、ナビゲーション　ステータス　バーです。現在どのウェイポイントからどのウェイポイントに向かっているか、次のウェイポイントまでの距離、次のウェイポイントまでのベアリングが表示されます。

3. 上端中央部の下段は、オートパイロットと FD（エフディー　Flight Director) の状況を示します。

4. 上端の右端は、無線の周波数と、スタンバイ周波数が表示されます。

5. PFD 中央部は、Attitude Indicator（アティチュード　インディケータ）です。飛行機の姿勢が表示されます。左右へのバンク角と、上下のピッチ角が表示されます。

6. 中央部左側は速度計です。

7. 中央部右側が高度計と昇降計です。

17

8. 中央部下端には、HSI（エイチアイエス　Horizontal Situation Indicator）と CDI（シーディーアイ Course Deviation Indicator）が表示されます。

9. 画面の下端左は、簡易的な地図が表示されます。

10. 画面の下端右は、トランスポンダーが表示されます。

11. 画面最下端は、ソフトキーがどんな役割を持っているかを示します。ソフトキーとは、画面の下にあって上向きの三角が並んでいるキーのことです。このキーはその時々で、様々な役をします。画面最下端に表示されている動作をします。さらに階層になっていて、あるキーを押すと、画面最下段の表示が変わり、さらに細かな項目をセットすることができます。

Attitude Indicator（アティチュード インディケータ）

　PFD の画面の中で上記⑤の部分は、Attitude Indicator（アティチュード インディケータ）です。飛行機の姿勢が表示されます。左右へのバンク角と、上下のピッチ角が表示されます。

　本来小型機は、外の景色を見て、景色の見え方で飛行機を操縦するものです。
　外を見ると、飛行機の姿勢の他
- 地形や障害物が見える
- 他の飛行機が見える
- 滑走路が見える
- 回りの地形が見えてナビゲーションに役立つ

といいことづくめです。
　さらに、飛行機の姿勢そのものも拡大されて大きく見えるために、より細かな操縦ができます。
　さらに、航空法第 71 条の 2 （操縦者の見張り義務）
に以下のように定められています。

第七十一条の二
　航空機の操縦を行なつている者（航空機の操縦の練習をし又は計器飛行等の練習をするためその操縦を行なつている場合で、その練習を監督する者が同乗しているときは、その者）は、航空機の航行中は、第九十六条第一項の規定による国土交通大臣の指示に従つている航行であるとないとにかかわらず、当該航空機外の物件を視認できない気象状態の下に

ある場合を除き、他の航空機その他の物件と衝突しないように見張りをしなければならない。

　これほど外を見ることに利点があるのならば、何故、アティチュード インディケータが付いているのでしょうか。
　アティチュード インディケータは、以下の場合に使用します。
- 雲中飛行
- 夜間飛行
- ピッチが高くなりすぎ、どれぐらい上がっているかわからない
- 正確なバンク角がわからない

　小型機ではあくまで姿勢の基本は外の景色を見て飛ぶことだと言うことを忘れないようにしてください。特に訓練で、G1000のアティチュード インディケータだけを見て飛ぶ癖をつけてしまうと、外を見て飛ぶ科目や、ナビゲーションの科目で上手く飛べなくなってしまいます。

　上の図は STINSON L5 という昔の単発プロペラ機です。見てわかるようにアティチュード インディケータに相当する計器はありません。VFR（ブイエフアール　有視界飛行）でのフライトは本来はこの形で行われます。
　VFR はあくまで外の景色で飛行機の姿勢を判断するのが基本です。

　上の図は、コックピットの図です、ではどういう計器の見方をしたら良いでしょうか？

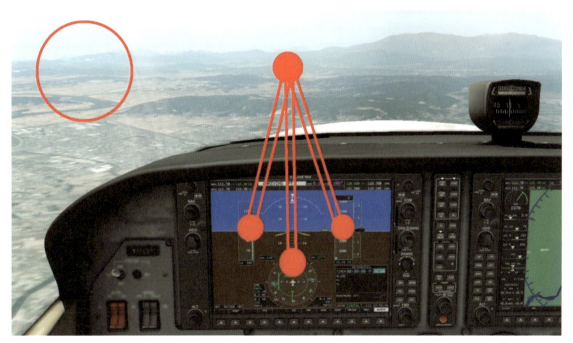

　正しい計器の見方は図の通りです。外の姿勢を見て、高度、外の姿勢を見て、速度、外の姿勢を見て、方向というように中と外を交代、交代で見ます。
　数回に 1 回は、外を見るときに左から右にかけて他の飛行機がいないかどうかのチェックを行います。

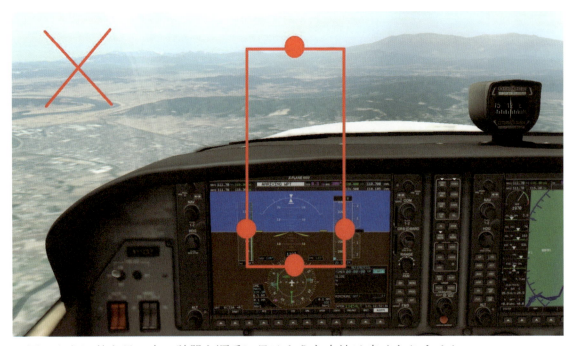

　図のように外を見て中の計器を順番に見るような方法は良くありません。
　ましてPFDの中のADI部分と、高度計、速度計だけを見て外を見ないような見方をしては絶対にいけません。

この図では、ピッチがやや上がっています。

この図では、ピッチは通常のピッチです。

この図ではピッチはかなり下を向いています。

　小型機で外が見えるときにピッチ角を決めるのは、あくまで外の景色とカウリングやグレアーシールドなどの飛行機の部品との位置関係です。

　自分の身体の正面で水平線とカウリングの間の長さがどれぐらいになるかが操縦の基本です。同じ高度を保つのでも、速度やフラップによってこの長さは変わります。早くある状態の時に適正な長さを覚えてください。

　飛行機が、クライムパワーで上昇しているときや、アイドルパワーで降下しているときのように、エンジンのパワーが一定の場合、飛行機の速度を変えるのはピッチです。所望の速度に対して、速度が遅ければ、ピッチを下げ、所望の速度に対して速度が速ければピッチを上げます。

一方、同じ高度を水平飛行している場合や、アプローチで地面に対して、一定の降下角で降下しているような場合、飛行機のパスを変えるのがピッチになります。

　水平飛行して、高度が高くなってしまった場合、コントロールホイールを押して、ピッチを下げて緩やかな降下で修正します。高度が低くなってしまった場合、コントロールホイールを引いてピッチを上げて、緩やかな上昇で修正します。

　この時に、単純に高度が高くなったから押す、高度が低くなったから引くというような、操縦をしてはいけません。このような飛び方は、小型飛行機では通用しても、大型機では通用しません。

　高度が高くなったときは、自分のピッチを今の位置よりもどれぐらい下げるか決め、そのピッチになるようにコントロールホイールを動かします。逆に高度が低くなったときは、自分のピッチを今の位置よりもどれぐらい上げるか決め、そのピッチになるようにコントロールホイールを動かします。

ピッチ角

　ではどんな時に PFD を見て飛ぶのでしょうか。PFD をメインにして飛ばなければいけないのは外が良く見えない時です。IMC（Instrument Meteorological Condition）と呼ばれる計器気象状態では雲や霧で外が良く見えません。その他夜間で水平線がはっきり見えないような状態でも PFD に頼らなくてはいけません。同様に旋回して方向を変えたいとき以外は、飛行機を傾けないようにバンク角にも注意しなければなりません。

　PFD の中心部の上下の目盛りはピッチ角を表します。中央の黄色の三角が自分の飛行機を表します。茶色の部分が地面、青色の部分が空を表します。

　目盛りは 10 度単位で数字が刻まれています。0 度と 10 度の間の長い線は 5 度、短い線は 2.5 度を表します。

　飛行機の操縦は、外が見えていてカウリングと水平線の間をどれぐらいの間隔にするかを決めて飛んでいる時も、外が見えていなくて PFD のピッチを見て飛ぶときも、まずその時に必要なピッチ角を決めてその角度になるように操縦します。

　ピッチの変化は小型機で 1 度単位、ジェット旅客機では 0.5 度単位です。例えば高度が高くなったら、まず今のピッチを見てそれよりも何度低くするか決めます。今が 2.5 度でそれより 1 度ピッチを下げようと思ったら、ピッチを 1.5 度にして様子を見ます。

　これを高度だけ見て、高度計が高くなったから操縦桿を押す、高度計が低くなったから操縦桿を引くというような飛び方をしていたら、計器飛行もできませんし、ましてジェット旅客機では絶対に通用しません。

　この図はピッチが0度であることを示しています。ただしピッチが0度でも飛行機が同じ高度を飛んでいるわけではありません。飛行機が同じ高度を保って水平飛行する時のピッチ角は、速度によって変わります。速度が遅ければ遅いほど、必要なピッチ角は増えてきます。また速度が速くなればなるほど、水平飛行をするのに必要なピッチ角は少なくなってきます。同じ水平飛行をしていてもピッチが＋6度の時もあれば－3度の時もあります。

注：）
　水平飛行していると言うことは、機体の重量と、翼が発生する揚力が釣り合っているということです。

　揚力は、揚力係数 C_L を用いて、以下のように表されます。

$$L = \frac{1}{2}\rho V^2 S C_L$$

L は、発生する揚力
ρ は、流体の密度
V は、物体と流体の相対速度
S は、物体の代表面積

　同一高度では密度 ρ は変わりません。また同じ飛行機ならフラップを出し入れしてコンフィギュレーションが変わらない限り面積 S も変わりません。速度 V が変化したときに、発生する揚力 L を一定にするためには、揚力係数 C_L を変えるしかありません。揚力係数 C_L はピッチ角で変わります。速度を変化させても水平飛行を続けるためには、ピッチ角を変える必要があります。

　上の図はピッチ角が＋20度であるときのPFDと機体の様子を示しています。ただしピッチ角が＋20度だからといって上昇しているとは限りません。飛行機の上昇降下はその時の速度とエンジンの推力、機体の抵抗で決まります。

　上の図はピッチ38度の図です。このような過大なピッチで飛ぶことはあり得ません。ピッチが過大になりすぎると、ピッチ50度から上の部分に赤の大きな下向きのシェブロンが現れ、ただちにピッチを下げるように表示されます。

　ピッチ－10度の時のPFDと機体の様子です。

上の図はピッチ−32 度図です。通用このような低いピッチで飛ぶことはありません。ピッチが低くなりすぎると、ピッチ−30 度から下の部分に大きな赤の上向きのシェブロンが現れ、ただちにピッチを上げるように表示されます。

ピッチ 0 度

ピッチ1度

ピッチ2.0度　このように非常に細かく制御しなければなりません。

バンク角

　飛行機が方向を変えるときは機体を傾けてバンク角を付けることで方向を変えます。
　この時も外が見えるときはあくまで外を見てバンクを付けることが重要です。
　PFD の中のバンク角は自分が何度傾いているかを確かめるために、ちらっと見て所望の傾きになったら後は外の世界でその角度を保って飛びます。

　左右のバンク角を、大きくつかむのはあくまで、水平線の傾きです。ただし正確にバンク角を知ろうとすると、画面上部のバンクインデックスを見なければなりません。
　外の景色を見て、バンク角をつけ、ある程度傾いたらアティチュード　インディケータの上のバンクインデックスをちらっと見て、自分が望むバンクになったら、その時の外の見え方を覚えて、それを維持するように回るのがコツです。
　あくまでも、飛行機を飛ばすのは外の見え方で、アティチュード　インディケータは、その補助です。

　旋回をする時にはまず身体の正面と水平線とが交わる点に仮想の点を考えます。
　この仮想の点が水平線から上下しないように飛行機を傾けていきます。バンクが深くなると飛行機は降下しようとします。その時はこの仮想の点が水平線から少し上になるように操縦します。

30

図はバンク 10 度の右旋回です。

図はバンク 20 度の右旋回です。

図はバンク 30 度の右旋回です。

　前にも書きましたが、旋回をする時には、まず身体の正面と水平線とが交わる点に仮想の点を考えます。仮想の点が水平線から上下しないように飛行機を傾けていきます。バンクが深くなると飛行機は降下しようとします。その時はこの仮想の点が水平線から少し上になるように操縦します。

図はバンク 10 度の左旋回です。

図はバンク 20 度の左旋回です。

図はバンク 30 度の左旋回です。身体が飛行機の中心にないために右旋回と左旋回では外界の見え方が大きく違います。右旋回では水平線はカウリングにかかるかかからないかの位置にありました。左旋回では水辺線はほぼカウリングの中央を横切っています。

　小型機で外が見えるときに、バンクを設定するのはあくまで外の景色を見て行います。
　PFD 上のバンクインデックスはチラッと見て、自分が外を見てとったバンク角が正しいかどうかの判定に使います。30 度バンクで右旋回したいときには、外を見てバンクを確立します。30 度近くになったらバンクインデックスを見て、30 度より少なかったらバンク角を深くし、30 度より多ければバンク角を浅くします。

　通常民間で使用する飛行機では、パイロットは左右に座ります。そのため左旋回したときと、右旋回したときは、同じバンク角でも見え方が全く違います。

　バンク角をつけると、揚力が減ります。そのため放っておくと飛行機は降下します。水平旋回飛行をするためには、バンク角が深くなればなるほど、バンク角に対応した分ピッチを上げなければなりません。ピッチを上げると抗力が増えます。そのため放っておくと速度が低下してきます。速度を一定で飛ぶためには、エンジンのパワーも増加させなければなりません。
　飛行機が方向を変えるときは、バンク角をつけ飛行機を傾けなければなりません。バンク角が大きければ大きいほど、旋回の角速度は大きくなり、旋回半径は小さくなります。

$$r = \frac{v^2}{68578.83369 \times \tan\theta}$$

　　r　旋回半径　nm
　　v　速度　kt
　　θ　バンク角　度

ただしバンク角を大きくしすぎると、上昇率が低下し、さらに失速速度が大きくなります。

　通常の旋回は、バンク角30度までです。計器飛行では小型機は標準旋回、大型機は二分の一標準旋回を使うこともあります。

　バンク角もPFDをメインにして飛ばなければいけないのは外が良く見えない時です。IMC（Instrument Meteorological Condition）と呼ばれる計器気象状態では雲や霧で外が良く見えません。その他夜間で水平線がはっきり見えないような状態でもPFDに頼らなくてはいけません。同様に旋回して方向を変えたいとき以外は、飛行機を傾けないように注意しなければなりません。

上の図はバンク10度の左旋回です

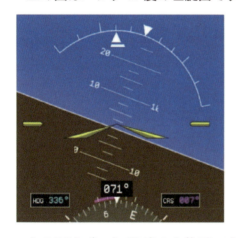

上の図はバンク20度の左旋回です

35

上の図はバンク 30 度の左旋回です

　左の図と右の図は、同じ左旋回の状況を表しています。
　左は G1000 のアティチュード　インディケータ部分です。画面の下茶色の部分が地面を表します。また画面の上の青い部分が空を表します。中央の黄色の部分が自分の飛行機を表します。左右に突き出た黄色の部分と、茶色と青の境目の白い線が平行であれば、飛行機は左右どちらにも傾いていないことを表します。
　G1000 は従来のアティチュード　インディケータに比べて、左右の水平線が長く、異常な姿勢になりにくくなっています。

上の図はバンク 10 度の右旋回です

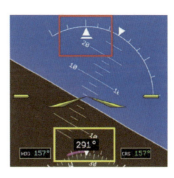

| バンク10度 | バンク20度 | バンク30度 |

　上の図は左旋回の時の、バンク角10度、20度、30度の時のバンクインデックスの表示と、水平線です。

　バンクインデックスの目盛は、左右にそれぞれ10度、20度、30度、45度、60度に付けられています。

　バンクの角度が深くなると、画面下方、HSI（ホリゾンタル　シチュエーション　インディケータ）の上部に、ピンク色の孤が出てきます。これは標準旋回に対する割合を示しています。HSIの上についている最初の小さな目盛が二分の一標準旋回、2番目の大きな目盛りが標準旋回を示します。

注：）標準旋回とは1秒間に3°の旋転率による旋回のことであり、標準旋回を行うためのバンク角は真対気速度（TAS）によって変化します。時間あたりの旋回角が一定になるために、飛行方式を作る上での基礎とされます。小型機では標準旋回が、ジェット機ではTASが大きく、バンク角が過大になりすぎるために二分の一標準旋回が方式設定の基礎となります

　　標準旋回のバンク角＝（TASの10%）＋（TASの10%/2）でおおよその値が求められます。例：TAS180ktならば（180×0.1）＋（180×0.1）/2＝27°

実際には HSI 上の目盛りを見て飛ぶことはありません。標準旋回で飛びたい場合には概略のバンク角を算出しそのバンク角で飛びます。

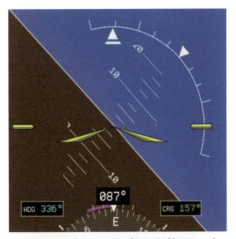

上の図はバンク 45 度の左旋回です

上の図はバンク 60 度の左旋回です

　飛行機の姿勢はあくまで水平が基本です。左に流されて右に方向を変えたい場合は、右にバンクをつけ飛行機を傾けて方向を変え、方向が変わったら後は水平に戻します。

　ずーっとだらだらとバンクをとって飛ぶような飛び方は、速度の遅いセスナのような飛行機ではそれでも飛べますが、高速の飛行機ではそんな方法では飛べません。ましてジェット旅客機は絶対に飛べません。

バンクの付け方
　ILS に乗るときのような精密なフライトをしなければいけない時は、ヘディングは高い高度にいるときは 5 度単位で変えますが、地上に近づいてくるとヘディングは 3 度単位、2 度単位、1 度単位と、どんどん修正量が小さくなります。
　ILS はヘディングを変えてジグザグに乗るのが正解です。ヘディングは 2 度右に変えたいときは、ゆっくりと右に 2 度バンクをとり、ゆっくり水平に戻して 2 度方向を変えるのが

良いとされています。3度方向を変えたいときは、ゆっくりと3度バンクをつけ、それをゆっくりと水平に戻すことで方向を3度変えます。ジェット機では通常は、25度以上方向を変えたいときは25度バンクで方向を変えます。小型機でも30度バンク以上のバンクをとることはありません。

計器のスキャン

クロスチェック　（スキャン）
（計器や外界を順番に見ていくやりかた）

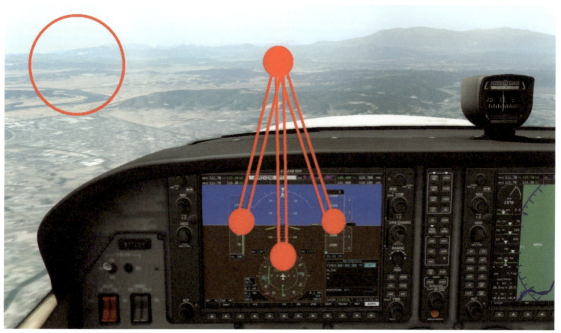

　飛行機を操縦する際の計器の中心は先ずピッチとバンクです。所望のピッチとバンクを維持しながら他の計器をちらっと見て、そしてまたピッチとバンクに戻ります。
　小型機では外を見てピッチとバンクを判断することがクロスチェックの中心になります。

　このクロスチェックで大事なことは、自分が今とった修正動作とその値は頭の中に記憶しておき、他の計器とピッチとバンクの往復を繰り返した後、次の回で同じ計器を見たときに先ほどの修正動作の結果がどうなったかを確認し、新たな修正動作に入るという点です。
　つまり、行為と結果の確認に時間的なずれがあるというのが大事な点です。

例えば、ILS に乗っている時を想定してみましょう。

　先ず、ピッチとバンクを保持しながらグライドスロープをチェックします。この時 1 ドット低かったとすると、ピッチとバンクを見ながら先ずピッチを 2 度上げます。この時何度上げたか、今何度を維持しているかを覚えておきます。次はグライドスロープの事はひとまずおいておいて、ローカライザーを見ます。ここで少し右にずれていたとすると、ピッチとバンクを見てゆっくり 3 度左バンクに入れて、ゆっくりバンクを戻しヘディングを 3 度左にふります。

　ここで、ずれと 3 度左にふったヘディングを覚えておきます。今度はピッチとバンクを見てピッチとバンクを維持しながら、速度を見ます。速度が適切なら先ほど 2 度ピッチを上げたので、エンジン回転数を 100 回転上げておきます。ここでピッチとバンクを見て姿勢を維持しながら高度計をチェックします。再びピッチとバンクに戻った後、グライドスロープをチェックします。

　ここで初めて前回とった修正動作がどれぐらい適切だったかを判断します。
　もし、グライドスロープが先ほどと同じ 1 ドット低いままだとすると、さらにピッチを 1 度上げなくてはいけません。もし 0.5 ドット低いだけに誤差が減ってきたら、もう一サイクルこのままで待ちます。もしオングライドになっていたらピッチを 1 度下げてみます。
　そしてピッチとバンクを見て姿勢を保持しながらローカライザーをチェックします。
　これを順番に繰り返していきます。

41

下の図でグライドスロープは 1/3 ドットまで戻ってきました。ピッチを 1.5 度下げて適切な降下率にします。

次にローカライザーを見るとこれもほとんどセンターに戻ってきました。ヘディングを 336 にするように、1 度だけ右にバンクをとってそれを水平に戻します。

このサイクルを非常に短時間のうちに行います。

このように修正動作とその結果の判断は 1 サイクルずれますし、その間様々なデーターを覚えておかなくてはいけません。

どのタイミングでどの計器を見るかは飛行機の種類、性能、飛行状態により変わります。ただしピッチとバンクまたは外の景色による、機体の姿勢が中心だということは変わりません。

この感覚は実機でつかんでください。

(注：この中の数字はあくまで仮想のものです。実際は機体、状況等により違います。
また、あくまで通常の安定した状態でのフライトの事を述べています。ウィンドシアーへの対処、他の飛行機にぶつかりそうな場合、地面と衝突しそうな場合、GPWS や TCASへの対処を行う場合などは別です)

スリップインディケーター

　ADI のバンクインディケーターの三角の下の、細長い台形がスリップインディケーターです。機体が左右に滑っていると、台形が上の三角から左右にずれます。

　図の状態では左ラダーが足りない状態です。
　左ラダーを踏むか、もし右ラダーを踏んでいる場合は、右ラダーを緩めなければなりません。

　上の図は、右ラダーが足りない状態です。右ラダーを踏むか、もし左ラダーを踏んでいる場合は左ラダーを緩めなければなりません。

　プロペラ機の場合、エンジンの出力を上げると右ラダーが必要になります。離陸時はスリップインディケーターではなく、滑走路を直進するようにラダーを使います。

　上昇中は、ときどきスリップインディケーターをチェックしてラダーペダルの位置が適切かを判断します。ただし、上昇中のスリップインディケーターは高度計や速度計ほど頻繁にチェックする必要はありません。

アドバースヨー

　右旋回をしようとすると、左の翼が上に上がり、右の翼が下に下がります。この時、左の翼では揚力が増えます。揚力が増えた分だけ抗力も増えます。逆に右の翼では揚力が減った分抗力も減ります。この抗力のため、機首を左に振ろうとする動きが生じます。これは旋回と逆方向に機首を向ける動きです。この動きを打ち消すために、右旋回をしようとするときは右ラダーが必要になります。

エンジンフェイル

　ラダーをもっとも必要とするのは、双発機における１エンジン故障です。左エンジンが故障した場合、離陸、上昇、水平飛行中は右エンジンの出力を上げなければなりません。この時の、左右の非対称の出力を打ち消すために右ラダーが必要となります。この場合、エンジンの出力を変化させるたびにラダーの位置は変えなければなりません。

　ラダーペダルを常時踏んでいなくてもすむようにラダートリムを使います。
　通常の上昇、水平飛行、降下中はラダーペダルを全く踏まなくても釣り合うようにラダートリムを完全にとります。

　１エンジン故障（シングルエンジン）のアプローチの場合、ラダートリムを完全にとってしまうと、ミストアプローチ時に、どちらのラダーを踏んで良いか迷うことがあり、ラダーを踏むのが遅れたり、逆ラダーを踏むことがあり得ます。シングルエンジンのアプローチの場合、ラダートリムは完全に取りきらず、少し必要な方の脚を踏んでいなければならない状態になるようにトリムをとります。

　１エンジン故障の場合、ラダートリムが合っていないと、幾らFDに従ってもきちんと飛べません。

シンセティック　ビジョン（synthetic vision）

　シンセティック　ビジョンとは合成視覚のことです。

　G1000 はその名が示すように、たくさんのシステムの集合体です。オプションの装置やソフト、データーを買うと様々な機能が追加できます。シンセティック　ビジョンもその一つです。

　従来の PFD では周囲の地形や障害物はまったくわかりませんでした。G1000 のシンセティック　ビジョンを使うと、PFD の中に山や川などが表示されます。さらに都市部では鉄塔やビルなどの人工物が表示されます。これを使うことによって正常な航空機が山に突っ込む CFIT（シーフィット　Controlled Flight Into Terrain）事故を大幅に減らすことができます。

　現代の旅客機でもほとんどの旅客機にはこのシンセティック　ビジョンが装備されていません。この点に関しては G1000 の方が進んでいると言えるかも知れません。

（図は SIMiONIC の画面をキャプチャー）

UNUSUAL ATTITUDE

　飛行機の姿勢が通常ではありえないような姿勢になることをアンユージュアル　アティチュードと言います。G1000 の特徴の一つとして、従来の姿勢だけを表示する計器に比べて水平線が長く、姿勢の変化が一目瞭然なため、アンユージュアル　アティチュードになりにくいことが上げられます。それでももし、アンユージュアル　アティチュードになってしまった場合の対処法を述べたいと思います。

　上の図ではピッチが通常ではあり得ないぐらい高くなっています。

　この姿勢になったら、トリムをピッチダウン方向にとりながら、コントロールホイールを目一杯向こう側に押します。それでもピッチが下がらない場合は 45 度バンクを目安に飛行機を傾かせます。ピッチが水平線近くまで下がってきた時点で、ウィングをレベルにし機体を落ち着かせます。

　飛行機が異常な姿勢になった時には、パイロットが姿勢制御に集中できるように、姿勢制御にとって重要で無い情報が表示されなくなります。

　ピッチが異常に下がった状態です。このような場合オーバースピードを避けるために、エンジンパワーを絞ります。またウィングがレベルになるようにコントロールホイールを回します。バンクが深い状態で、いくらコントロールホイールを引いても旋回をきつくするだけでピッチアップに貢献しません。その後コントロールホイールを引きます。
　ピッチが水平線近くに戻ったら、必要に応じてエンジンパワーを入れます。

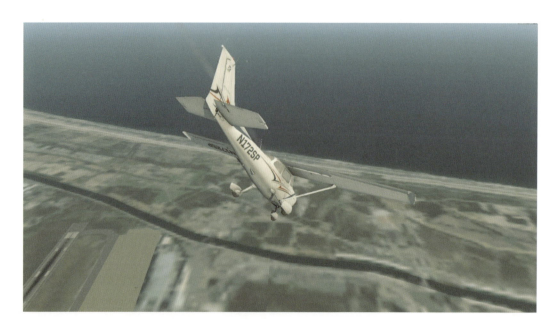

HSI（エッチエスアイ　Horizontal Situation Indicator　ホリゾンタル　シチュエーション　インディケータ）

PFDの画面の中で上記⑧の部分は、HSI（エッチエスアイ　Horizontal Situation Indicator）です。

飛行機の飛んでいる方向と、各VOR局、ILS、GPSのコースからどれだけずれているかを示します。ナビゲーションの基礎となる部分です。

飛行機の方向は磁北極から測った方位、マグネティックヘディングを表示します。管制官の指示もこのマグネティックヘディングで行われます。ナビゲーションをする場合、チャートに示された、ツルーヘディングとのずれを修正しなければなりません。

HSIの中央のバーは、画面下部のCDIと書かれた下にあるソフトキーを押すことにより、NAV1、NAV2、GPSの順番で切り替わります。
NAV1とNAV2は各々セットされた周波数により、VORのデーターが表示される場合と、ILSのデーターが表示される場合があります。

CDIでNAV1を選んでVORの周波数が選ばれている場合、HSI中央のインディケーションは緑色になり、VOR1の文字が表示されます。

49

　CDIでNAV1を選んでILSの周波数が選ばれている場合、HSI中央のインディケーションは緑色になり、LOC1の文字が表示されます。

　CDIでNAV2を選んでVORの周波数が選ばれている場合、HSI中央のインディケーションは緑色になり、VOR2の文字が表示されます。

　CDIでNAV2を選んでILSの周波数が選ばれている場合、HSI中央のインディケーションは緑色になり、LOC２の文字が表示されます。

　CDIでGPSを選んでいる場合、HSI中央のインディケーションはピンク色になり、GPSの文字が表示されます。

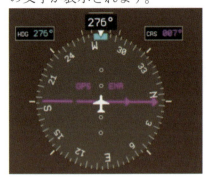

　GPS でウェイポイントに向かっているときに、OBS のソフトキーを押すと OBS モードになり、HSI の左下に OBS の文字が表示されます。このモードになると現在向かっているウェイポイントがあたかも、VOR 局のように使うことができます。
　距離を表示することもできますし、BRG1 または BRG2 で GPS を選ぶと、RMI の針がそのウェイポイントの方向を指すようになります。

　この方法は模擬の VOR の訓練をする時に非常に有効です。通常 VOR の上空は多くの航空機が集まりますし、航空路の要となっている場所です。訓練機が VOR の上空でホールディングの練習をしたり、模擬のアプローチをするのは、まず許してもらえません。

　上の方法では、任意の WAYPOINT をあたかも VOR のように見立てることができます。
　RMI の見方の練習をしたり、ホールディングの練習をしたり、さすがにミニマムまで降下するわけにはいきませんが、模擬の ILS アプローチや VOR アプローチの練習をすることができます。この本の中に書いた、仙台の ILS Y RWY27 アプローチを同一高度で模擬的に飛行するのも一つの方法です。ぜひ活用してください。

VOR、ILSの選局

　PFDの左上には、NAV-1とNAV-2の周波数が表示されています。NAV-1、NAV-2ともVORやILSの電波を受けて機体を誘導するための装置です。

　画面の外側にあるのが、スタンバイ　フリークェンシィで、画面の内側が現在セットされているプライマリー周波数です。

　上の段にNAV-1のスタンバイとプライマリーの周波数が、下の段にNAV-2のスタンバイとプライマリーの周波数が表示されています。

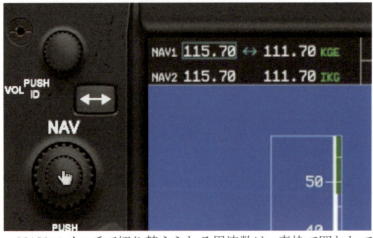

　NAVスイッチで切り替えられる周波数は、青枠で囲われています。NAVスイッチを押すたびに、青枠がNAV-1とNAV-2を交互に移動します。

　NAVのスイッチで変化させられるのは、あくまでスタンバイ周波数のみです。スイッチに近い方の周波数しか変えることができません。

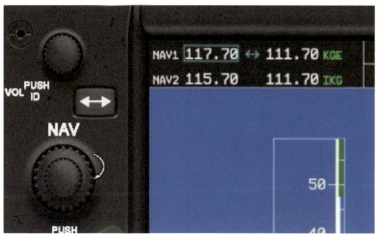

　大きいノブは大きい周波数を変化させます。NAV スイッチの外側の大きいノブを回すことで、周波数のメガヘルツの単位を変えることができます。ノブは、回転させると、1 クリックずつ動きます。1 クリックで、1 メガヘルツ周波数が変わります。右に 1 クリックずつ回すと周波数は、108 から 109 のように増えていき、117 から右に 1 クリック回すと 108 に戻ります。逆に左に 1 クリックずつ回すと周波数は、117 から 116 のように減っていき、108 から左に 1 クリック回すと 117 に戻ります。

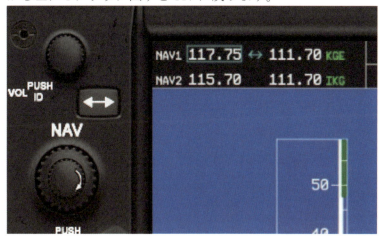

　小さいノブは、小さい周波数を変化させます。NAV スイッチの内側の小さいノブを回すことで、周波数のキロヘルツの単位を変えることができます。ノブは、回転させると、1 クリックずつ動きます。1 クリックで、50 キロヘルツ周波数が変わります。右に 1 クリックずつ回すと周波数は、.05 から.10 のように増えていき、.95 から右に 1 クリック回すと.00 に戻ります。逆に左に 1 クリックずつ回すと周波数は、.95 から.90 のように減っていき、.00 から左に 1 クリック回すと.95 に戻ります。

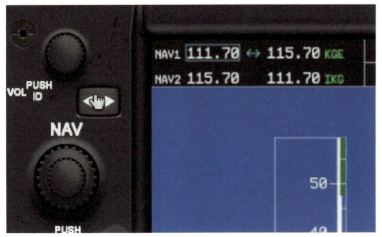

　ノブを回して、スタンバイの周波数を所望の周波数に変えた後、左右両方の矢印のキーを押すことで、スタンバイとプライマリーの周波数を切り替えることができます。
　このスイッチを押すと、今までのスタンバイ周波数がプライマリー周波数となり、プライマリー周波数がスタンバイ周波数となります。

　通常起動時はHSIに表示されているのはGPSのコースです。ここで画面下中央のCDIと書かれた部分の下のソフトキーを押すと、NAV1にセットされたNAVのコースが表示されます。

　GPS から CDI のソフトキーが押されたために NAV1 にセットされた VOR 115.70（KGE かじき VOR）のデーターが HSI 上に表示されます。HSI の真ん中に緑で VOR1 の文字が表示されました。また画面左上の NAV1 の周波数も、現在セットされている周波数 115.70 が使われていることを示すために 115.70 の文字が緑色に変化しました。

　NAV1 を選ぶと NAV1 にセットされた VOR または ILS　LOC のずれを表示します。
　NAV1 がセットされた状態ですので HSI の中央にある CDI（Course Deviation Indicator）の

方向が変えられるようになります。パネルの右にある CRS　BARO と書かれた 2 重のノブの内側小さな方を回すと、画面中央の CDI と書かれたボックスの中の数字が変化し、HSI 上の CDI の向きを変えることができます。VOR を使った SID や STAR、アプローチを行う場合には、コースをチャートに書かれた値にセットしなければなりません。

　VOR が選ばれているとき CDI のバーは一つの DOT が 5 度、2 つの DOT で 10 度のラジアル差を表示します。

　NAV1 が選択された状態から、もう一度画面下中央の CDI のソフトキーを押すと、CDI の表示が NAV2 に切り替わります。NAV 2 を選ぶと、NAV 2 にセットされた VOR または ILS LOC のずれを表示します。

　上記の例の場合、NAV2 には鹿児島の ILS 111.70 がセットされているので、画面左上の 111.70 の文字が緑色に変わります。またローカライザーが正しくチューニングされているとローカライザーの ID、IKG が 111.70 の横に表示されます。

　また HSI の中央にも LOC2 と NAV2 のローカライザーがチューニング表示されます。

　この場合に画面右中央の CRS　BARO ノブの内側の小さなノブを回すと、LOC2 のコースを変えることができます。

　ILS を選んで、HSI 上に LOC が表示されているとき、CDI のバーは各 ILS により角度が変わります。ILS のローカライザーアンテナは、アプローチしているのと反対側の滑走路の中心線の延長上に付いています。ローカライザーの電波は、アプローチをしている側の滑走路のスレッショールド上で、700ft と決められています。つまり滑走路が長くなればなるほど、ビームの角度は狭くなります。

56

　NAV2 が選ばれている状態から、画面中央下部の CDI のソフトキーを押すと、再び GPS の画面に戻ります。

　CDI のソフトキーを押す度に、GPS→NAV1→NAV2→GPS・・・と切り替わります。

　GPS を選ぶと HSI の中央右側に、ENR、TERM、APR 等の文字が現れます。これは HSI 上で CDI の針がずれた時の距離を示しています。

　ENR はエンルート ENROUTE の省略形です。GPS でエンルートを飛行する時に表示されます。CDI のソフトキーで GPS を選んで ENR と表示されている場合、片側 5nm トータル 10nm のずれの表示となります。丸いドットは 2.5nm のずれを示します。

　TERM はターミナル TERMINAL の省略形です。目的の飛行場の 30nm 手前になると、GPS は ENR モードから TERM モードに変わります。GPS を選んで TERM と表示されている場合、片側 1nm トータル 2nm のずれの表示となります。丸いドットは 0.5nm のずれを示します。

　APR はアプローチ APPROACH の省略形です。ファイナルアプローチ　フィックス（FAF Final Approach Fix）の 2nm 手前になると GPS は TERM モードから APR モードに変わります。GPS を選んで APR と表示されている場合、片側 0.3nm トータル 0.6nm のずれの表示となります。丸いドットは 0.15nm のずれを示します。

　この GPS が表示されることが G1000 の特徴の一つです。上級編で詳しく書こうと思うのですが、G1000 は GPS を使って SID、STAR、エンルート、アプローチを表示させることができます。またオートパイロットと連動させることもできます。自分でエアウェイやルート

を作ってそのルート上を飛ぶことが可能になります。

　ただし

　NOT APPROVED FOR GPS

　GPS guidance is for monitoring only. Activate approach?

のように出てきて GPS のみに頼った飛び方は許可されていない旨通知されます。

　セットするのに若干時間はかかるのと、あくまで VOR をセットして機位を確認しなければならないのですが、あたかも大型機の FMS と似た飛び方も可能になります。

　SID、APPROACH、ROUTE 等のセットの方法については、いずれ上級編で書くつもりにしています。

　また緊急時などはニアレストエアポートを選んで、そのエアポートに真っ直ぐ飛行することも可能です。

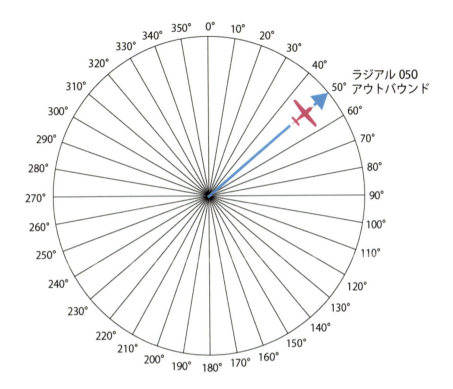

　VOR のラジアルは局の磁北を 0 または 360 ラジアルとし、そこから右回りに 360 度で表します。ラジアル 090 と言ったら、局から磁方位で真東、180 と言ったら局から磁方位で真南、ラジアル 270 と言ったら局から磁方位で真西の方向のラジアルを意味します。

　ここで管制官は同じラジアルでも局から遠ざかるアウトバウンドという言い方と、局に近づくインバウンドという二つの言い方をします。

　たとえば上の図でラジアル 050 アウトバウンドと指示された場合、ラジアル 050 上を 050 の方向に飛べば良いのですが、もしこれをラジアル 050 インバウンドと指示された場合は、下の図のようにラジアル 050 上を局に向かって反方位の 230 度方向に飛ばなければなりません。

59

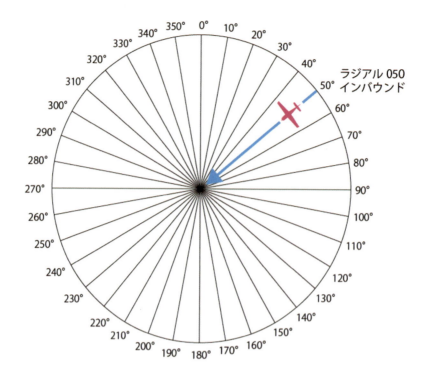

　G1000 では、中央下部の丸いコンパスカードの中心に、HSI とその回りの部分に RMI を両方表示しています。

　HSI は精密なように見えますが、HSI はセットしたコースとその反方位のプラス、マイナス 10 度ずつしか表示しません。
　例えばコースを 030 にセットすると HSI は飛行機がラジアル 020 から 040 の間と 200 から 220 の間に入るときしか正しく表示しません。後は右か左に振り切れた状態しか表示しません。また、035 ラジアルにいる時と 205 ラジアルにいる時の針のずれは同じです。どちらかを区別するために、TO　FROM　インディケーターという小さな三角が VOR 局の方向を指します。

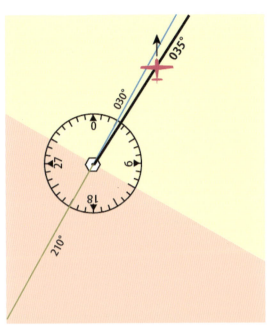

　この図で重要なのが TO　FROM の小さな三角形です。
　この三角形が 210 度にセットした方向を指しているので、飛行機は VOR に対して北東象限にいます。
　30 度ラジアルをセットして 5 度手前にいるので機体は 035 度ラジアル上にいます。
　このまま飛び続けて HSI 中心の棒が真ん中にくるように飛行すると 30 度ラジアルのアウトバウンドを飛行することができます。

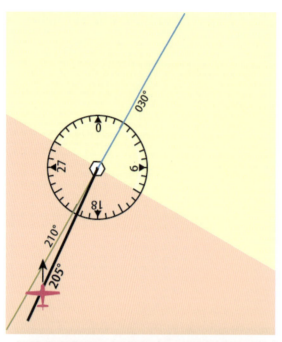

　この図で重要なのが TO　FROM の小さな三角形です。
　この三角形が 030 度にセットした方向を指しているので、飛行機は VOR に対して南西象限にいます。210 度ラジアルをセットして 5 度手前にいるので機体は 205 度ラジアル上にいます。このまま飛び続けて HSI 中心の棒が真ん中にくるように飛行すると 210 度ラジアルのインバウンドを飛行することができます。
　HSI では TO　FROM の小さな三角がどちらの方向を向いているかで、いる場所がまったく違ってしまいます。035 度ラジアルにいるか、205 ラジアルにいるかの差は TO　FROM の小さな三角が示しているだけです。

HSI は精密なように見えますが、360 度のうち 40 度分のラジアル上にいる時しか表示しません。

　これが RMI（BEARING）を使うと上の図のようになります。水色の細い矢印が BRG1 です。

　針の先が右上を指し、VOR 局は右上の方向にあることを示します。さらに針の後ろを読むと 205 となっていて飛行機がいるのが 205 ラジアル上にいることを示します。

　IFR の基本はあくまで RMI（BEARING）です。

RMI（Radio Magnetic Indicator）と Bearing

　RMI（Radio Magnetic Indicator）とは上の図のような計器をいいます。
　選択している VOR 局または ADF 局がどの方向にあるかを示す計器です。
　真上が飛行機が今向いている方向です。針の下にはコンパスカードがあり、VOR または ADF 局への磁方位がわかるようになっています。

　PFD のソフトキーを押し、出てくる画面で BRG1 のソフトキーを押すと、画面に一本線の針が表示されます。BRG1 を 1 回押すと NAV1 と表示され、矢印の先が NAV1 で選ばれている VOR 局の方向を示します。図の見方ですが、HSI の中心青い丸印のところに SDE VOR があります。黄色の丸で囲まれた、水色の針のお尻の先端が自分の飛行機の位置です。上の図では、飛行機は SDE　VOR の 300 度ラジアル上にいて、画面のまっすぐ上の方、254 度の方向に飛行しています。矢印の頭の方に VOR 局があります。つまり飛行機から見た VOR 局は 120 度の方向にあります。

　HSI の左下に BRG1 のボックスが表示されます。ここにも距離が表示されるのですが、この距離は DME とは違います。

　ここで BRG1 とは bearing1 のことです。Bearing とは、ある局が、磁北からみて何度の角度にあるかを示したものです。上記の RMI の針の部分のことです。

　PFDのソフトキーを押し、出てくる画面でBRG2のソフトキーを押すと、画面に2本線の針が表示されます。BRG2を1回押すとNAV2と表示され、矢印の先がNAV2で選ばれているVOR局の方向を示します。HSIの中央青い丸がある部分にSDE VORがあります。飛行機は黄色の丸、針のお尻のラジアル075度上を画面の上の方271度の方向に向けて飛んでいます。矢印の先端がVOR局のある方、255度を示しています。

　ここでBRG2とはbearing2のことです。Bearingとは、先ほどと同様、ある局が、磁北からみて何度の角度にあるかを示したものです。上記のRMIの針の部分のことです。

　この2本の針は重要です。RMIの針の見方ですが、HSIの中心、飛行機のマークがあるところに、VORの局があると思ってください。針の一番後ろが、自分の飛行機のいる位置です。飛行機は、針の一番後ろの位置を飛んでいて、まっすぐ上の方に飛んでいます。

　上は一般的な RMI の図です。G1000 の RMI の 2 本の針は、VOR アプローチや、VOR 局上からの ILS アプローチの場合非常に役立ちます。日本で IFR を飛ぶ場合、この 2 本の針に慣れていないと飛ぶことができません。

　HSI の CDI のバーはあくまでもセットされたコースを精密に飛ぶためのものです。CDI のバーに正しく乗れるようにするには、先ず 2 本の針が正しく使えなければなりません。VOR が選ばれているとき CDI のバーは一つの DOT が 5 度、2 つの DOT で 10 度のラジアル差を表示します。

基本の画面から PFD を押します。

画面の下のソフトキーが図のように変わります。

　DME を押すと図のように DME ボックスが現れ、NAV1 にセットされた 115.70 の局から 3.6NM であることを示します。

　BRG1 を押すと、図のように BRG1 のボックスが現れ、1 本線の NAV1 には KGE の VOR が選ばれていることを示し、1 本線の針の先は KGE VOR の方向を指します。

　BRG2 を押すと BRG2 のボックスが現れ、2 本線で示した針は、HKC の方向を指すことを示します。黄色い丸の 2 本線の針の先は HKC VOR の方向を指しています。

　図のように BRG1 と BRG2 は同時に出すことができます。

　さらには、DME、BRG1、BRG2 の 3 つを同時に出すこともできます。
　IFR で飛ぶときは、この状態が基本です。通常は NAV1 と NAV2 を交互に使うようにしてセットします。

　RMI の使い方を練習するには下記のサイトが便利です。（FLASH の実行を許可する必要があります）
　http://www.luizmonteiro.com/Learning_RMI_Sim.aspx

　ここで重要なのが、BRG のボックス内に書かれた距離は DME の距離ではありません。ボックス内にはあくまでコンピューターが計算した、VOR 局までの水平距離が示されます。
　この距離を DME と混同してはいけません。

　通常、計器飛行方式では DME で様々なプロセジャーが定められています。計器飛行を行うときには、DME を表示させておく必要があります。

71

　この画面でソフトキーの DME を押すと、DME のボックスが現れます。

　ボックスの中は NAV1 となっていて、現在選ばれている DME は NAV1 の局からの距離を示していることを表します。ここで FMS の小さなノブを動かすと、

72

　ボックス内の表示が NAV2 となりました。この状態で ENT キーを押すと、

　DME のボックス内の表示が NAV2 となり、NAV2 で選ばれている局からの距離を表示します。

DMEのセレクトボックスでFMSノブの小さなノブを回してHOLDを選び、ENTを押すと、

DMEのボックス内の表示がHOLDとなります。この後、NAV2を他のVORに変えても現在選ばれているVOR115.70からの距離が表示され続けます。

　HOLD は今 DME を表示している NAV の周波数をどう切り替えても、その時の DME を表示している周波数の局からの距離を表示し続けます。HOLD を使うと、NAV1 または NAV2 の周波数を切り替えたときに、新しい局からの距離と勘違いすることがあり得ます。どうしても必要な時以外は HOLD は使用しない方が賢明です。

　このように DME を表示する局を切り替えるのはかなり手数が必要になります。
　DME を使用する局を NAV1 なら NAV1 に限定して、そちら側に必要な NAV AID をセットするようにプランニングした方が簡単だと思います。

　前にも書きましたが、NAV の使用は交代交代が原則です。NAV1 で、RMI を使って飛行している間に NAV2 の周波数とコースを切り替えておけば、NAV2 が必要になった時には、ソフトキーの CDI を押すだけですみます。

　ただし DME の使用を考えると、必ずしもそうならないことがあり得ます。
　IFR のフライトでは、ここに来たら NAV1 の周波数を幾つに変えて、コースを幾つに変える。
　次に NAV1 で飛んでいるうちに NAV2 の周波数を幾つに変えて、コースを幾つに変える。というような詳細な設計図が必要です。

仙台 ILS Y27 アプローチ

　ここで、いわき VOR から仙台に向かって IFR フライトを行って、仙台で ILS Y27 のアプローチをするときの PFD の様子とセットの仕方を見てみましょう。セットの方法はあくまで一例です。まずは国土交通省が出している仙台の ILS Y27 のチャートです。このチャートは国土交通省の AIS　JAPAN　Japan Aeronautical Information Center のホームページからダウンロードすることができます。

　https://aisjapan.mlit.go.jp/Login.do

　このチャートの見方にも慣れてください。

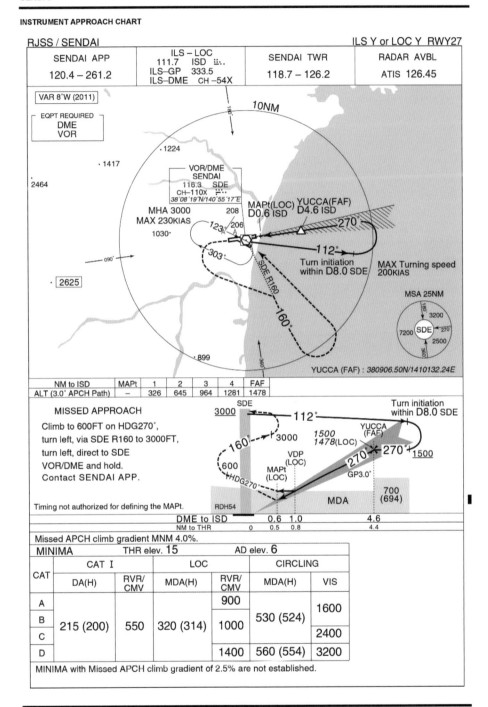

IFR の方式は標準旋回で飛ぶことを前提に作られています。

標準旋回とは 1 秒間に 3°の旋転率による旋回のことであり、標準旋回を行うためのバンク角は真対気速度（TAS）によって変化します。時間あたりの旋回角が一定になるために、飛行方式を作る上での基礎とされます。小型機では標準旋回が、ジェット機では TAS が大きく、バンク角が過大になりすぎるために二分の一標準旋回が方式設定の基礎となります

標準旋回のバンク角＝（TAS の 10%）＋（TAS の 10%/2）でおおよその値が求められます。例：TAS120kt ならば（120×0.1）＋（12/2）＝18°

HSI 上にも標準旋回を示すピンク目盛が出ますが、実際には HSI 上の目盛りを見て飛ぶことはありません。標準旋回で飛びたい場合には概略のバンク角を算出しそのバンク角で飛びます。

では紙上で仙台 ILS Y27 アプローチを見ていきましょう。

いわき VOR から仙台 VOR に向かっているときの MEA は 5500ft です、途中で管制官から ILS Y27 アプローチの進入許可が出たとしても、高度について何も言われなければ仙台 VOR までは MEA の 5500ft を守らなければなりません。仙台 VOR の直上の高度が 3000ft だからといって勝手に 3000ft まで降下してはいけません。

ここでは既に 3000ft までの降下許可が出たものとして 3000ft から始めます。

仙台に近づくまでに、ミニマムセットを終わり、ランディングブリーフィングも終わり、チェックリストも済ませておきます。また、CDI を切り替えて NAV2 のコースは VOR からのアウトバウンドコースにセットしておきます。

　ここではオートパイロットを使っているとして話を進めます。DME を見て仙台 VOR に近づいてきたら次の旋回用に HDG モードに変えます。

　旋回半径と DME の斜めのディスタンスを考え、DME が 2NM 以下で適切なところで旋回を開始します。

　旋回を開始したら CDI を VOR2 に切り替えます。また、一度に 112 度に向けるのではな

く、適当なインターセプトアングルで止めます。ここからは RMI の針の動きを見てインターセプトアングルを調節します。また VOR モードに切り替えます。

1500ft への降下を開始して良いのはあくまで RMI の針が真横から後ろ側に回った時だけです。ALT SEL を 1500ft にセットし、VS で降下します。

アウトバウンドコースに乗って 1500ft への降下が確立した時です。
許された短い時間を使って、RMI で飛行しながら、CDI で NAV1 のコースを出して ILS

インバウンドの 270 度にセットしておきます。

1500ft に到達したところです。雲に入るのを避けるなど特別な事由がなければ、仙台 VOR を過ぎたらすぐに 1500ft への降下に移ります。ILS では必ず FAF の通過高度を確認しなければなりません。一番重要なのは FAF までに余裕をもって通過高度に降りておくことです。

最初は NAV モードなのですが、

旋回開始点が近づいた場合は次の旋回に備えて、HDG モードにします。

ILS Y27 は旋回開始点を仙台 VOR SDE の 8NM までと規定されています。ただし 8NM で旋回を開始するとバンクが確立するまでに時間がかかり 8NM を超えたと言われる危険性があります。7.5NM までには旋回を開始します。バンクは標準旋回です。

　最初から30度カットにすると、風によってはファイナルフィックスまでにローカライザーに乗ることができません。そこでまずはファイナルコースに直角のHDG360に向けます。また旋回を開始したので必要ないので、NAV2のコースはミストアプローチ用に160度にします。

　CDIのソフトキーを押してHSIの表示をVOR1にします。

83

NAVの切り替えスイッチを押して、NAV1の周波数をILSにします。

　ここでRMIの針が重要になります。NAV2の針のお尻がコースの10度手前に来たらインターセプトヘディングに向けます。一度に30度カットにしてしまうと、FAFまでにLOCにキャプチャーできない時があるので、最初は風により60度カットまたは45度カットにします。

今回は 45 度カットの 315 度ヘディングにしてみました。

オートパイロットの NAV を押しました。LOC と GS が白くアームはされているがまだキャプチャーしていない状態を示しています。

RMI の針が 5 度になったのでヘディングを 300 度に変えて 30 度カットでインターセプトしようとしています。ローカライザーはまだキャプチャーしていません。

LOC ローカライザーをキャプチャーしました。

ローカライザーに乗るように旋回しています。

ローカライザーに乗ったところです。グライドスロープが動いてきました。

グライドスロープ　ワンドット手前です。

　既にグライドスロープに乗って降下を始めています。DME 4.6NM が FAF（ファフ Final Approach Fix）の YUCCA（ユッカ）です。ここでの通過高度とチャートに記載されている高度が大きく違わないことを確認します。高度は気圧高度なので気温により気柱が伸び縮

みします。高度計で同じ 1500ft を飛んでいても冬場は温度が低く気柱が短いので YUCCA ではまだ 1500ft で通過することが多くなります。夏場は気柱が伸びているので YUCCA 手前で降下を始め、ILS DME 4.6NM の通過高度は低くなります。

対地 1000ft です。グライドスロープ、ローカライザーとも高度が低くなるにつれ同じ 1 ドットでもずれの絶対量が小さくなります。低空にくるほど細かな修正を行わなくてはなりません。一般的に、グライドスロープ 1 ドットはその時の対地高度の十分の一です。

つまり対地 1000ft ならば 1 ドットのずれは 100ft のずれを示します。これが対地 500ft では同じ 1 ドットが 50ft のずれ、CAT1 のミニマムでは 1 ドットが 20ft のずれになります。一方ローカライザーは滑走路の進入している方のフルスケールのずれが 700ft と決められています。滑走路が長ければ長いほどビームの角度は狭くなります。

対地 500ft です。

ミニマム＋100ft　アプローチングミニマムです。ミニマムのシンボルが見えています。通常パイロットはここからスキャンに外界も含めます。

　ミニマムです。ここまでに着陸にい必要な灯火が見えなければミストアプローチを行わなくてはなりません。

（図は Xplane の画像をキャプチャーしたもの）

100ftでの見え方です。

(図はXplaneの画像をキャプチャーしたもの)

　ILSの失敗で一番多いのが外の景色が見えたとたんに、その景色に合わせようとすることです。フードを被った訓練では、フードをとればほとんどいつもいい天気です。実際のILSでは外界の景色の一部しか見えず、姿勢や位置の把握が難しくなります。

　基本はライトが見えてもそれまでの計器によるILSを崩さないことです。

　外の景色と中の計器を見る比率は、外界が見えた直後は、外0%計器100%です。これが徐々に外10%計器90％、外20%計器80％、外30%計器70％、のように徐々に外の比率が増えていきます。これを外が見えた瞬間に外100%に移行してしまうと大きく失敗します。

　特に横風が強い時に、アプローチライトや滑走路が見えてそれに合わせようとすると、あっというまに風下に流されてしまいます。見えて10秒間は動かさないぐらいのつもりでいいのかも知れません。

　上記のように日本の計器飛行ではRMIが非常に重要な役割を果たします。RMIを見ずにCDIだけで飛ぶことはまったく不可能です。またDMEの設定を変えるのが非常に複雑ですので、DMEをセットしたNAV側で使おうとすると、いつNAVをどうセットするかが非常に重要になります。詳細な設計図が無いと、いきあたりばったりでは絶対に上手く飛べません。IFRの練習は家でもできます、冒頭に述べたSIMiONICのアプリやXplaneなどのフライトシミュレーションソフトを上手く活用すれば訓練の効果は何倍にもなります。

ミストアプローチ

注：この項目の画像の DME ディスタンスは実際と違うかも知れません。

　ミニマムで見えない場合や、100ft で規定されたものが見えない場合はミストアプローチを行います。その他見えたけれど安全に着陸できる位置にいなかった場合や、速度が多すぎる場合など、安全に着陸できないと判断した場合はミストアプローチを行います。

AIP Japan
SENDAI

RJSS-AD2-24.21

INSTRUMENT APPROACH CHART

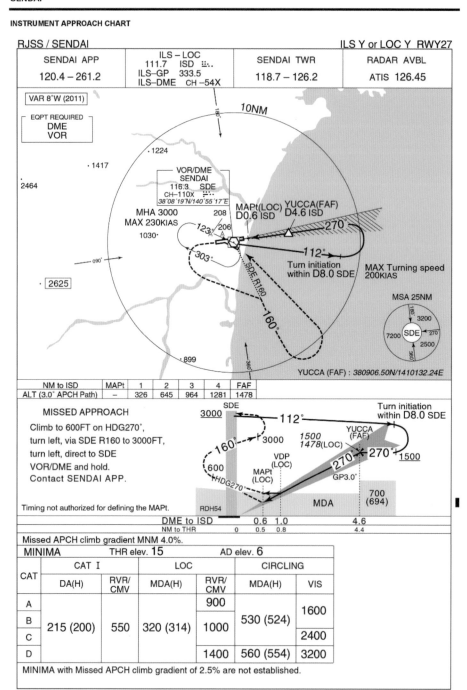

ミストアプローチは、ATC に他の事を指示されないかぎり、チャートに書かれたミストアプローチ プロセジャーどおりに行います。

通常 ATC にミストアプローチを言うとフォロー　パブリッシュド　ミスト　アプローチ

94

プロセジャーと言われます。

　アプローチクリアランスは　アプローチだけでなくミストアプローチを行い、定められたホールディングパターンを飛行する部分までを含みます。

　ゴーアラウンドとコールし、操縦桿を引きながら、マックスパワー、フラップを規定の値に上げ、高度計で機体が上昇し始めたのを確認したらギアを上げます。アメリカで使われているゴーミストという言い方は日本では誰もしません。コックピット内のコールはゴーアラウンドです。また管制に関する言い方はミストアプローチです。タワーにミストアプローチを伝えます。

ミストアプローチ　プロセジャーに書かれた 600ft になったら左旋回を開始します。

　旋回しながらソフトキーの CDI を押し、あらかじめミストアプローチ　コースの 160 度を、セットしておいた VOR2 に切り替えます。
　ここで気を付けなければいけないのは、仙台の場合 VOR がかなり奥にあることです。いきなりヘディングを 130 度に向けたら実は VOR コースはずっと右だったということが起こりえます。ここでも RMI の動きが重要です。VOR に近いので RMI の針は非常に早く動きます。

RMI の針を見てインターセプトアングルを決めます。この場合 RMI の針とミストアプローチ　コースが 15 度ずれているのでインターセプトアングルも 15 度が適当です。

160 度に乗ることができました。次は 3000ft へのレベルオフを待ちます。

3000ft でレベルオフしてパワーをセットしたら左旋回を開始します。

　旋回は RMI の針を見てトラックが RMI の矢印と重なるようにします。ここでは CDI の方向は合わせません。CDI はホールディングのインバウンドコース 123 度にセットします。
　この段階で、どのホールディングエントリーになり、VOR の局上を通過したら何度にヘディングを向けるかを考えます。

CDI を VOR1 に切り替えホールディングインバウンドコースをセットします。
もしタイマーが表示されていなかったらソフトキーの TMR/REF を押して表示させます。
通常、IFR では常時表示させた方が便利です。

VOR 局直前です。

　ホールディングではアーリーターンは行いません。確実に VOR 局の上空を通過してから旋回を開始します。局の通過は RMI の針が真横を過ぎた時です。
　アプローチに機番を言い「スタートホールド　オーバー仙台 VOR　3000　タイム　53」をリポートします。
　ここでアプローチからは「セイ　ユア　インテンション」と聞かれることがあります。
　決まっていなかったら「スタンバイ」と返します。あるいは 30 分ホールドしたいとか福島にダイバートしたいとか、その時のパイロットのインテンションを伝えます。

　パラレルエントリーなのでホールディングのアウトバウンドコースと同じ 303 度に向けます。それと同時に開いていた TMR の ENT キーを押してタイムカウントを始めます。

　1 分経ったので ENT キーを押してタイマーをリセットすると同時に左旋回を開始します。

インバウンドコースに乗れるようにカットアングルを作って飛びます。

ここでも局上通過はRMIの針が真横を過ぎたところです。右旋回を開始します。

　アウトバウンドに向いたところです。RMI の針が真横を通過する瞬間 ENT キーを押してタイマーをスタートさせます。

　1 分経ったところです。ENT キーを押してタイマーをリセットすると同時に右旋回に入ります。

　正しくインバウンドコースに乗れるように飛行します。インバウンドコースでのWCAを覚えておき、アウトバウンドコースではその3倍量を修正します。

　ホールディングに入ったから終わりではありません。ここからが忙しくなります。
　残燃料でどれだけ飛べるかを考え、当該空港とオルタネート空港のウェザーのチェック、他のアプローチを行うか、待つか、待つなら何時何分まで待てるか、あるいはダイバートするかの決断をします。

　もしダイバートするとなれば、どの空港に向かうのかを決め、リクエストする高度を決めてクリアランスのリクエスト、クリアランスの受領、到着予定時刻の算出と行うことは山ほどあり、これをホールディングしながら行わなければなりません。

アルティメーター（高度計）

PFDの⑦の部分がアルティメーター（高度計）の表示部分です。

正しくアルティメーター セッティングを行うと、その時の気圧高度がフィート（ft）で表示されます。

　高度が急激に増加している場合、高度計の左端、現在の高度より上方向にマジェンタ色の
バーが表示されます。高度の変化が急激なほどバーの長さが長くなります。このバーの先端
は 6 秒後の高度を示しています。

　慣れてくると高度の正確な値を読まなくても、このマジェンタのバーがでた時点で、ピッ
チを変えて高度の修正ができるようになります。

　高度が急激に低下している場合、高度計の左端、現在の高度より下方向にマジェンタ色のバーが表示されます。こちらも、高度の変化が急激なほどバーの長さが長くなります。バーの先端は6秒後の高度を示しています。

　PFDの右中央部分にあるCRS BAROと書かれているノブの外側大きい方を回すと、高度

計のアルティメター　セッティングを変えることができます。高度計は大気の圧力を測って、その圧力を高度に変換して表示しています。ところが高気圧、低気圧があるように、地上の気圧は、どんどん変化します。そのままでは、気圧を測って高度を正しく表示することができません。そこで出てくるのが QNH です。QNH はその場所の平均海面からの高さをフィートで表示できるように、高度計をセットします。

　通常は METAR または、タワーやレディオからの通報で QNH を知ることができます。

　パイロットは伝えられた QNH を CRS-BARO ノブの大きなノブを回して、高度計の下の小窓にセットします。上記の図では 29.92 インチにセットされています。こうやってセットすると高度計は平均海面からの気圧高度を正しく表示するようになります。

　QNH を 0.1 インチ間違えてセットすると、アルティメターは、約 100ft 違った高度を指示します。QNH を 1 インチ間違えてセットすると、アルティメターは 1000ft 近く違った高度を指示します。場合によっては山に衝突する危険があります。QNH を正しくセットすることは非常に重要です。

　ここで覚えておいて欲しいのが、高度計が表示するのはあくまでも気圧高度だということです。高度計は本来気圧を測っています。その気圧を、標準大気の時の高度に換算して表示しています。

　気温が低いと、気柱は縮みます。そのため気温が低いときは、高度計が 3000ft を指していても、平均海面からの高さが 2600ft しかないというように、高度計に示されている高度よりも低い高度を飛んでいます。気温が低いときは、実際には低い高度を飛んでいるということをしっかり認識しておく必要があります。

　G1000 では、画面の左下に OAT（外気温）が出ています。OAT が ISA（標準大気）に対してかなり低い場合は、実際にはかなり低い高度を飛んでいることを認識しなければなりません。

　ISA の温度は、対流圏では地上を 15℃とし 1000ft につき約 2℃気温が減少します。

　例えば 5500ft を飛行しているとすると、地上気温 15℃から 5.5×2＝11℃引いて、ISA の気温は+4℃になります。この時、画面の左下に表示される OAT が−10℃であった場合、気温は ISA よりも 14℃低いことになります。

　また、風が強い日には、山や山脈の風下側では、空気が渦を巻くことがあります。この渦の中で、一時的に気圧が下がることがあり得ます。このような場合、高度計の指示よりも低い高度を飛んでいることになります。さらに風の渦で下降気流が発生します。風の強いときは、山の近くを低い高度で飛んではいけません。

　高度計の上部にはアルトセルで選定された高度が表示されます。この高度はパネル左下のALTと書かれたノブを回すことで変更できます。外側の大きなノブを1クリック回す毎に1000フィート変わり、内側の小さなノブを1クリック回す毎に100ft変わります。内側のノブは4900フィートからもう1クリック右に回すと5000フィートになるというように1000フィートの位を超えて高度を変えることができます。

　高度計の右上のアルトセルに予めセットされた高度が近づくと、この部分の色が変わり目標の高度が近いことを知らせます。

　目標高度の1000ft手前にくると、「ワンサウザント」と声に出してコールします。これはただ1000ft手前をコールしているのではありません。目標高度の1000ft以内になったら、特別な場合を除き、他のことは一切辞めて、レベルオフに専念します。

　また一旦到達した後、その高度から外れるとフラッシングしてパイロットに知らせます。

　オートパイロットを使用して、上昇、降下中にアルトセルにセットされた高度に達すると、そこでレベルオフし、水平飛行に移ります。

　左席で操縦している時は、左手でコントロールホイールや操縦桿を扱います。G1000ではPFDのノブを動かしてもMFDのノブを動かしても、基本的に同じ結果が得られます。G1000が付いているのは小型機なので、左席からでも右側のMFDの左側のノブには十分手が届きます。ALTの値を変えるときには、右手でMFDのALTのノブを操作した方が楽ですし、飛行機の動きも乱れません。

109

同様に、HDG のノブも右手で MFD のノブを操作した方が楽です。

ソフトキーの PFD を押した後出てくる画面の中で、STD　BARO を押すと、高度計下部に STD　BARO が表示され、29.92 インチにセットしたのと同じことになります。

ソフトキーの PFD を押した後出てくる画面の中で、ALT UNIT を押すと上記の画面になります。この画面で IN（インチ）を押すと、高度計の規正値がインチになります。

ソフトキーの PFD を押した後出てくる画面の中で、ALT UNIT を押すと上記の画面になります。HPA（ヘクトパスカル）を押すと、高度計の規正値がヘクトパスカルになります。
中国、ソ連等の国では、高度計の規正はヘクトパスカルで行われます。

アメリカでフライトしていると、最初の桁を省略して管制官が QNH を通報してくることがあります。998 と言われても 998hpa の事ではなく、29.98 のことです。
自分の飛んでいる国で、どちらで通報されるかは非常に重要です。

ミニマムのセットの仕方

　CAT2 などの電波高度計を使うアプローチを除き、ミニマムは気圧高度で測定します。アプローチごと、飛行機のカテゴリーごとに、ミニマムは決められています。
　G1000 では、ミニマムをあらかじめセットしておくことができます。

ミニマムを変更するには、まずソフトキーの TMR/REF を押します。

画面の右下に REFERENCE のボックスが現れるので、FMS の外側のノブを回して MINIMUMS の OFF となったところに合わせます。その後 FMS の内側のノブを回して BARO を表示させます。

　BARO が表示された状態で、FMS の外側のノブを回し 0ft の所を選びます。

　FMS の内側のノブを回して数字を 220ft にします。画面の中央に BARO　MIN　220ft が現れます。高度計の 220ft の所にもミニマムを示すマークが現れます。

　上空でミニマムをセットしておくと、ミニマムの上 2500ft になると、ミニマムのボックスが現れます。

バーティカルスピード インディケーター（昇降計）

　高度計の右に左向きの黒い矢印で示されるのが、昇降計です。飛行機が1分間あたり何フィート上昇または降下しているかを示します。上昇率や降下率が小さい場合は、矢印はゼロ近辺に留まり、中に数字は表示されません。

　上昇率や降下率が 100ft/min を超えると矢印の中に、上昇率や降下率の数字が表示されます。

　上昇率が大きくなると、矢印は上の方に移動し、中に1分間あたりの上昇率が数字として表示されます。

　飛行機が降下し始めて降下率が一定の値よりも大きくなると、矢印は下の方に移動し、降下率が数字として表示されます。

一定の上昇率で上昇する場合には、上昇率をピッチでコントロールします。その時の速度はエンジンパワーを変えることでコントロールします。

　一定の降下率で降りる場合には、降下率をピッチでコントロールします。その時の速度はエンジンパワーを変えることでコントロールします。

　水平飛行をしているときに、昇降計が上昇を示していても、闇雲にコントロールホイールを押してはいけません。上昇を示している場合、その上昇率に応じて、どれぐらいピッチを下げるかをイメージし、ノーズカウルのところで後 3cm ピッチを下げるというように決めて、その位置にノーズカウルがくるように、コントロールホイールを押すのが正しい方法です。雲の中や夜間などでは、アティチュード　インディケータ上で、ピッチを 1 度下げるというように決めて、そのピッチになるように、コントロールホイールを押すのが正しい方法です。

　アプローチの基本は 3 度パスです。地面に対して 3 度の降下角で降りていきます。3 度パスの降下をするためには、その時のグランドスピードの半分の 10 倍の降下率で降りるとほぼ 3 度のパスで降下できます。グランドスピードが 120kt の場合、600ft/min、グランドスピードが 90kt の場合、450ft/min で降下すると、ほぼ 3 度のパスになります。

　上昇中、降下中にレベルオフするためには、その時の上昇率の十分の一手前の高度からピッチを変えます。500ft/min で上昇しているときは、50ft 手前から、1000ft/min で上昇している時は、100ft 手前からピッチを下げてレベルオフします。

117

速度計

　上の図の⑥にあたる部分が速度計です。ピトー管で計った、空気の動圧と、スタティックポートからとった空気の静圧の差を使って速度を測定してIASを表示します。

　単位はkt（ノット）です。

　速度計の下部にはTASが表示されます。TASはナビゲーションを行うときに非常に重要になります。

　エンジンのパワーを上げ、離陸滑走で速度がついてくると、速度計上にR、X、Y、G等の文字が表示されます。

　この速度はソフトキーのTMR/REFを押すと出てくる速度です。RはVr（ブイアール）の意味でローテーション速度です。この速度でコントロールホイールを引いて離陸します。XはVx（ブイエックス）の意味で、最良上昇角速度です。最も高い角度で上昇できます。YはVy（ブイワイ）の意味で最良上昇率速度です。最も単位時間あたりの獲得高度が多い速

119

度です。

　Gは GLIDE の略です。この速度で滑空すると、最も遠くまで飛行することができます。

　速度計の右には、色分けされたテープが表示されます。通常速度計は緑のテープの範囲内で飛行します。

速度が増加していると、速度計の一番右、現在の速度から上方にマジェンタ色のバーが表示されます。このバーは 6 秒後の速度を示します。バーの長さが長いほど、急激に速度が増加していることを示します。

速度が減少していると、速度計の一番右、現在の速度から下方にマジェンタ色のバーが表示されます。やはり 6 秒後の速度を示しています。バーの長さが長いほど、急激に速度が減少していることを示します。

　速度計のテープが黄色の部分は速度の速すぎに対して注意を喚起している部分です。さらに赤と白が交互のストライプになっている部分は、超過禁止速度以上の速度です。この領域で飛行してはいけません。

　図は低速での状態を示しています。赤は失速速度を示します。この速度以下になると飛行機はストール（失速）します。

ここで注意して欲しいのは、失速速度は変化するということです。Gがかかると、失速速度は上昇します。高度を保ちながら深いバンクで旋回していると失速速度は増加します。またコントロールホイールを急激に引いた時もGがかかって失速速度は増加します。

　赤の上の白だけの部分は、この速度で飛ぶためには、フラップを出さなければならないことを示します。白はフラップのオペレーションレンジを示しています。白と緑の共存している部分は、フラップリミットスピードに気を付けなければならない部分です。

コミュニケーション

　画面の右上、④の部分には、コミュニケーションに使っている無線周波数が表示されています。通常グランドやタワーなどの管制機関との無線通信はCOM1を使って行います。このCOM1もNAVと同じように、ノブを使って変えられるのは、外側にある周波数だけです。ノブに近い側の周波数しか変えられないと覚えておいてください。COMと書かれたノブの上を押すとCOM1とCOM2の切り替えができます。ノブの外側を回すと、選択された周波数が1MHzの単位で変わります。ノブの内側を回すと0.25MHz単位で周波数が変わります。外側の周波数を変えた後、矢印キーを押すと、内側と外側の周波数が切り替わります。

　一番右上にあるのがオーディオのボリュームとスケルチを兼ねたノブです。このノブを左に回すと音が小さくなり、右に回すと音が大きくなります。またこのノブを押すと、オートスケルチがオフとなり、雑音は聞こえますが、小さな音が聞こえます。もう一度このノブを押すとオートスケルチがオンになります。

　COM のノブで周波数を変えられるのは、青い四角で囲まれた周波数だけです。COM のノブを押すことで、COM1 と COM2 を切り替えることができます。

　COM のノブを押した結果、四角いボックスが COM2 に移り、COM2 の周波数を切り替え

ることができるようになります。ここで COM のノブの内側の小さなノブを回転させると小数点以下の周波数を変えることができます。

　小さなノブを回転させて、小数点以下の周波数を.400 から.040 に変えることができました。ここで COM の外側の大きなノブを回します。

大きなノブを回したことで、小数点以上を 123 から 120 に変えることができました。

左右の矢印が書かれた COM トグルスイッチを押すと、青い枠で囲まれた外側のスタンバイ周波数と、実際にセットされている周波数を切り替えることができます。

外側にセットされていた 118.70 が内側に移動し、118.70 で送受信できるようになりました。

　左右に矢印が書かれた COM トグルスイッチを 2 秒以上長押しすると、周波数に 121.50 がセットされ、それまで使っていた周波数がスタンバイ側に移動します。緊急事態が起きたときには、COM トグルスイッチを長押しすることで直ちに 121.50 にセットできるようになっています。逆に通常 COM トグルスイッチを押すときは長押ししてはいけません。

XPDR

　画面の右上、⑩の部分左側には、XPDR と書かれてトランスポンダーのコードと現在の状態が表示されます。

　画面の下にある XPDR と書かれたソフトキーがあります。このキーを押すとトランスポンダーを操作することができます。

　XPDR を押すと、ソフトキーが STBY、ON、ALT、GND、VFR、CODE、IDENT、BACK、ALERTS に変わります。

131

　トランスポンダーの画面でソフトキーの ON を選ぶと、画面に右に緑で ON が表示されトランスポンダーが作動を始めます。ON の右側に R の文字が点滅します。この R は Reply の意味です。R が表示されると、トランスポンダーが質問波に答えて、情報を載せて電波を発信したことを示します。

　トランスポンダーの画面でソフトキーの STBY を押すと、画面の右下に STBY が表示され、トランスポンダーは情報を送信しなくなります。

132

　トランスポンダーの画面でソフトキーの ALT を押すと、画面の右に緑で ALT の文字が表示され、トランスポンダーは地上に飛行機の高度の情報を送信します。

　トランスポンダーの画面でソフトキーの VFR を押すと、コードが VFR 用の 1200 に変わります。

133

このうち CODE のソフトキーを押すと、左から 0、1、2、3、4、5、6、7 と数字が並び、IDENT、BKSP、BACK、ALERTS の文字が並びます。管制官から指示された、数字のコードを順番に押していくだけで、コードがセットできます。

ソフトキーの CODE を押して、数字が並んだ状態から、管制官に「スクォーク 2 3 4 5」と言われた場合をセットしてみたいと思います。

ソフトキーの2を押すと画面の右側のコードのところに2が表示されます。

続けてソフトキーの3を押すと画面の右側のコードのところに3が表示されます。

続けてソフトキーの4を押すと画面の右側のコードのところに4が表示されます。

続けてソフトキーの5を押すと画面の右側のコードのところに5が表示されます。
この状態で2345のコードがレーダーに送信されます。

BKSPはBack Space（バック　スペース）の略です。数字を入力しているときに押し間違えてしまった時はBKSPのソフトキーを押すと1文字数字が消去されます。

　コードのうち 7500 はハイジャック、7600 は無線機が使えない。7700 緊急事態を示します。

　無線が聞こえないからといって、いきなりトランスポンダーを 7600 にして良いわけではありません。まずヘッドフォンのジャックが抜けていないか確かめてください。次に COM 関連のサーキットブレーカーが飛び出していないか確認します。

　違う周波数で呼びかけてみます。121.5 はどの局もモニターしているはずです。さらには COM2 を使って、複数の周波数で呼びかけます。これでも通信ができないときに 7600 のコードにします。

　管制官から「スクォーク　アイデント」を言われた場合、ソフトキーの IDENT を押すと、画面右に IDNT の文字が表示され、管制官のレーダー卓の表示が IDENT に対応した表示になります。

タイマー

　飛行機を操縦していると、滑走路のアビームからの秒数とか、滑走路が視認できてブレークした後の秒数とか、経過時間を知りたいときがかなりあります。そのような時は、ソフトキーの TMR/REF を押します。

画面の右下に REFERENCE の表示が出ます。一番上がタイマーです。この状態で画面の右の ENT ボタンを押すと、タイマーの時間のカウントが始まります。

ENT を押してから 31 秒が経過しました。

140

　タイマーが動いて画面にSTOPが表示されている状態で、再びENTを押すと、図の表示になりタイマーは止まりRESETが表示されます。

　タイマーが停止して画面にRESETが表示されている状態で、ENTを押すと初期の状態に戻ります。ここで再びENTを押すと新たなカウントアップが始まります。

　タイマーは予め設定した時間まで減っていき、その時間が来たら知らせるようにも使えます。その場合、2分とか1分とかタイマーに時間をセットし、さらにタイマーの時間の後ろの文字がDOWNになるようにセットします。

ニアレスト

様々な緊急事態ですぐにどこかの空港に着陸したいときがあり得ます。そのような場合は、ソフトキーの NRST を押すと、近くの空港リストが表示されます。

画面の右下にニアレストの空港リストが表示されます。現在は RJSS の色が変わって仙台

空港が選択されています。その後に仙台空港までのベアリングが 115 度であること、距離が 4.5nm であることが表示されます。さらにアプローチのうち最も精度が高いものが ILS のように表示されます。インストルメントアプローチが無い空港の場合 VFR と表示されます。さらにタワーの周波数と、最も長い滑走路長さが表示されます。

　他の空港を選ぶにはパネル右下の FMS のノブを回してください。

　自分の行きたい空港の 4 レターの色が変わっている状態（この場合は RJSC）で、ダイレクトキーを押します。

ACTIVATE するか聞いてくるので ENT キーを押して ACTIVATE します。

　画面の上部はナビゲーション　ステータス　バー（Navigation Status Bar）です。先ほど通過したウェイポイント、今向かっているウェイポイント、そこまでの距離、ベアリングが表示されます。ダイレクトボタンを押すと、この画面の上部にダイレクトのマークが現れ、山形空港の 4 レター RJSC が表示されます。さらに距離が 26.1NM であることと、ベアリング

144

が 313 度であることが表示されます。

この状態から CDI のソフトキーを HSI が GPS になるまで押します。

HSI の中心がマジェンタ色になり GPS が表示されます。針の頭の方向が空港の方向です。後は CDI のバーがセンターに来るように飛んでいけば山形空港に到達できます。

風

　G1000 では風を表示することができます。最初にソフトキーで PFD を選び、次に出てくる画面でソフトキーの WIND を押してください。

　OPTION1、2、3 が現れます。OPTION1 を選ぶと、進行方向に対する成分と、直角方向の風の成分が表示されます。

　OPTION2 を選ぶと、吹いてくる方向と風速が表示されます。通常エアラインで使う大型ジェット機ではこの方法で表示されます。

　OPTION3 では矢印は風向を示しますが、数字は進行方向と横風成分の速度が表示されます。

　OFF を選ぶと風の表示は消えます。JCAB チェックなどでは OFF にすることを求められることがあります。

RAIM 予測

　GPS を主たる航法に使うときは RAIM 予測が必要です。RAIM 予測とは、ある時間までに、ナビゲーションに必要な数の衛星が確保されるか、また衛星の数は足りても同一軌道上に並んで計算に使えないことがないかを判断するものです。

　衛星の数が足りないと、1 台の衛星がおかしなデーターを出していてもそれを検知することができません。そうなると見かけ上は全く正しく見えるのに、飛行機が飛んでいる場所が大きくずれていて山や障害物に衝突する危険性が出てきます。衛星の位置が正しいかを予測するのが RAIM テストです。

　通常は MFD は MAP のページを出して飛んでいるはずです。画面右下のボックスの左端に MAP が表示されています。この状態から FMS ノブの外側のノブを回します。

外側のノブを回して右下のボックス内が AUX になるようにします。

　AUX になった状態で、FMS の内側の小さなノブを回して、この GPS の画面を表示させます。

　この状態でFMSノブの中央を押すと、画面中央右にあるRAIM PREDICTIONの四角いボックスの中のP.POSがフラッシングを始めます。P.POSというのはPRESENT POSITION現在位置のことです。本来は、RNAVアプローチをセットして、ここでFMSノブの小さなノブを回して、このP.POSをRNAVアプローチの最終FIXにして、その後、時刻を最終FIX通過予定時刻（時と分の両方を合わせる）にすることで、そのRNAVアプローチが問題なくできるかどうかを判断します。もし最終FIXで、最終FIX通過予定時刻にRAIM AVAILABLEが表示されなかった場合、そのRNAVアプローチは行うことができません。VOR、ILS等他の手段を使わなくてはなりません。

　ここでは単に使い方の例ということで、現在地の3時間後のRAIM予想の方法を示しています。この状態でFMSの外側のノブを回してARV　TIME（ARRIVAL　TIME）到着予定時刻の項目がフラッシングするようにします。

　ARV TIME の時刻がフラッシングを始めたら、FMS ノブの内側のノブを回して、到着予定時刻を変えます。例えば 23 時から 3 時間の予定のフライトでしたら 3 時間後の 02 に変えてみましょう。

時刻が 02 に変わりました。ここで ENT キーを数回押すと RAIM 予測が表示されます。

　最終的にRAIM　BOXの一番下にRAIM　AVAILABLEが表示されれば、3時間後の現在位置では衛星の位置は問題なく使えるということがわかります。

　同じページでパネル下部のソフトキーSBASを押すと、画面右中央にSBAS　SELECTIONが出てきます。

RAIM に関しては USA AIM（Aeronautical Information Manual）に以下の規定があります。

5-1-16. RNAV and RNP Operations

5. Operators may use the receiver's installed RAIM prediction capability (for TSO-C129a/Class A1/B1/C1 equipment) to provide non-precision approach RAIM, accounting for the latest GPS constellation status (for example, NOTAMs or NANUs). Receiver non-precision approach RAIM should be checked at airports spaced at intervals not to exceed 60 NM along the RNAV 1 procedure's flight track. "Terminal" or "Approach" RAIM must be available at the ETA over each airport checked; or,

6. Operators not using model-specific software or FAA/VOLPE RAIM data will need FAA operational approval.

NOTE-

If TSO-C145/C146 equipment is used to satisfy the RNAV and RNP requirement, the pilot/operator need not perform the prediction if WAAS coverage is confirmed to be available along the entire route of flight. Outside the U.S. or in areas where WAAS coverage is not available, operators using TSO-C145/C146 receivers are required to check GPS RAIM availability.

WAAS（より一般には SBAS）を使用する場合に RAIM 予測する必要がない理由は以下の通りです。

・RAIM（ABAS）の場合、補強機能を使用するためには少なくとも 5 個の GPS 衛星を捕捉しなければいけない。

・しかし常に 5 個見えるとは限らない。必要な GPS 衛星が利用可能であることを確認するため、RAIM 予測を行う。

・一方、SBAS であれば、SBAS が提供してくれるインテグリティ機能により、GPS に何かあった場合にはその旨知ることができる。

・SBAS 自身のレンジング機能により、GPS と同等の衛星が常にプラス 1 個捕捉できるので、アベイラビリティが向上

日本でもアメリカと同様のルールで、MSAS、WAAS を含む SBAS 受信機を使用する場合は RAIM 予測不要となっています。

LRU INFO

いつものように、MFD の FMS ノブの外側のノブを回して AUX を選択します。次に FMS ノブの内側のノブを回して一番右の四角のページになるようにします。

G1000 とは名前が示すようにたくさんの G で始まる名称のシステムの総称です。

一つ一つのシステムに GDU のように G で始まるアルファベット 3 文字の名称が付いています。G は GARMIN の略です。

どの飛行機にもすべてのシステムが付いているわけではありません。かなりのシステムがオプションです。一例として以下のようなシステムがあります。

Garmin G1000 (CJ) Abbreviations

GCU – Garmin Control Unit (GCU 475)
GDC – Garmin Air Data Computer (GDC 74B)
GDL – Garmin Datalink Receiver (GDL 59 / GDL 69A)
GDU – Gamin Display Unit (GDU 1040A / GDU 1240A)
GEA – Gamin Engine/Airframe Interface (GEA 71)
GIA – Garmin Integrated Avionics (GIA 63W)
GMA – Garmin Marker Beacon Audio (Audio Processor) (GMA 1347D)
GMC – Garmin Mode Controller (GMC 710)
GMU – Garmin Magnetometer Unit (GMU 44)
GRS – Garmin Reference System (AHRS) (GRS 77)
GSA – Garmin Servo Actuator (GSA 80 / GSA 81)
GSM – Garmin Servo Mount (GSM 85)
GSR – Garmin Satellite Receiver (GSR 56)
GTS – Garmin Traffic System (GTS 820 / GTS 850)
GTX – Garmin Transponder (GTX 33D)
GWX – Garmin Weather Radar (GWX 68)

FMS ノブの外側のノブを回して AUX を選び、内側のノブを回して一番右のボックスを選ぶと上のようなページになります。このページで全てにグリーンマークがついているのをチェックするのですが、見えている部分は限られています。中央の赤い四角の中で上半分がグレー、下半分が白ということはまだ続きがあるということです。この状態で FMS ノブの中心を押します。

　図の左上のように白くハイライトされます。この状態で FMS ノブの内側のノブを回すとハイライトされた部分が変わっていきます。

　上の図のようにハイライトされた部分が一番下に来ました。画面中央の赤い四角の中のようにグレーの部分が下に来て、白い部分が上に来ています。ここまでチェックして全てのステータスが緑のチェックマークになり赤の X がついていないことを確認してください。

　先ほど出した画面の右下に ANN　TEST のソフトキーが出ています。ANN は annunciator の頭の三文字です。この ANN　TEST のソフトキーを押すとオーディオパネルのすべての

157

スイッチが白く点灯します。

　この時に消えているスイッチが無いことを確かめることが必要です。

パーシャルパネル

パーシャルパネルとは計器の一部が使えなくなった状態を言います。G1000 の場合は PFD が使えなくなった状態を想定しています。

このパーシャルパネルの訓練では 3 つのやり方があり、教官やチェッカーごとにやり方が違うようです。

一つはオーディオパネルの下の赤いボタンを押すやり方です。この方法だと MFD に PFD が映ります。

この場合、MFD にエンジン計器と PFD の主要部分が移り、画面の右下に MAP が出ます。ほとんど今までと変わらずに飛ぶことができます。

　もう一つは MFD を MAP のままとし、スタンバイ計器と、MAP と MFD 上部に表示される 4 種類の情報を元に飛ぶ方法です。

　3 番目は MFD の MAP を見えない状態にして、スタンバイ計器と MFD 上部に表示される 4 種類の情報だけで飛ぶ方法です。

　パーシャルパネルでは、MFD 上部に表示される 4 つの情報が重要です。この 4 つの情報は前回誰かがセットしたものが表示されるので、機体毎、極端に言うとフライト毎に変わります。ここでは自分が望む情報を表示する方法について述べてみます。

　MFD の右下にある FMS のノブを使って AUX の左から 4 つ目の四角になるようにすると、上の画面が表示されます。この画面の右上、MFD DATA BAR FIELDS と書かれた部分が今回変更する部分です。ここで FIELD1、FIELD2、FIELD3、FIELD4 とあるのが、MFD 上部の 4 つの情報の左からの並びになります。黄色の枠の中左から GS、DTK、TRK、ETE が、赤い枠の中の上からの並びに対応しています。

　上記の画面から FMS ノブを押すと、フィールドの一部が水色に点滅を始めます。

161

FMS ノブの外側のノブを回して、FIELD1 の GS が水色に点滅するようにします。

ここで内側のノブを回すと、変えることができるデーターのフィールドが出てきます。

例えばですが、内側のノブを回して TAS にしてみましょう。

　MFD　DATA BAR の一番左は TAS になり、画面右の MFD DATA BAR FIELDS の FIELD1 も TAS になりました。これによりこれからは MFD　DATA　BAR の一番左は TAS を表示するようになります。さらに自動的に FIELD2 の TRK が水色に点滅しています。ここで FMS ノブの内側のノブを回すことで、同じように FIELD2 に何を表示するのかを変えることができます。以下、FIELD3、FIELD4 も同様です。

163

パーシャルパネルでは XTK と TKE が重要です。

　XTK はクロストラックディスタンスの省略形です。正しいトラックから左右に何マイルずれているかを表示します。XTK の値が 0 ならば、正しくトラック上を飛行していることになります。

　一方 TKE はトラックアングルエラーの省略形です。正しいトラックに対して今何度ずれたトラックで飛行しているのかを示します。TKE は必ずしもゼロが良いわけではありません。右に 5nm ずれているのに、TKE が 0 ならば、ずれたまま平行に飛ぶだけです。どれだけ TKE を取ればいいのかは、XTK で決まります。XTK が 10NM もずれていたら TKE は 30 度カットで飛ぶ必要があります。一方 XTK が 0.1NM ならば、数度の TKE で十分です。XTK が少なくなるように常に飛ぶことが必要です。また XTK が 0 になったら TKE を 0 になるように飛行すれば、コース上を正しく飛ぶことができます。

　それでは実際の飛行例を見ていきましょう。最初の PFD の主要部分が MFD に移る方法は特に問題がないと思いますので、MFD の MAP と上部の 4 つのデーターとスタンバイ計器で飛ぶ方法を見ていきましょう。

164

データーのセットはパイロットの自由ですが、個人的に好きなのはGS、TRK、TKE、XTKです。ここで重要なのがTKEとXTKの矢印の向きです。TKEが左向きの矢印ということは、機首は正しいトラックより右に向いているから左に向けろと言っています。
　一方XTKが左向きの矢印ということは、飛行機は正しいコースより右にいるということになります。上の図ではコースに近づくどころか、どんどん離れて行ってしまいます。
　TKEとXTKの矢印は必ず逆向きでなければなりません。

　TKEはゼロだからいいわけではありません。上の図のようにコースの右にずれているのにTKEがゼロなら平行に飛ぶだけで、いつまでたってもコースに戻りません。

　何度ぐらいの角度でインターセプトしたら良いかは、ずれた距離 XTK によって変わります。上の図では TKE と XTK の矢印が逆向きなのに注意してください。XTK が 4.27NM と 5 マイル近くずれています。こんな時は 30 度カットでも良いかもしれません。

　何度ぐらいでインターセプトさせるかは、コースからの距離 XTK により変わります。コースに近づけば近づくほどインターセプトの角度を浅くする必要があります。

　上の図では XTK 2.5NM で TKE 20 度にしています。

上の図では XTK が 1.5NM になったので TKE を 10 度にしています。

168

XTK が 0.10NM で TKE が 5 度へは大きすぎるかも知れません。

案の定コースの左に出てしまったので右にヘディングを変え再びコースに乗ろうとしています。

　理想は図のように TKE 000°　XTK 0.00NM です。
　このためには、XTK の矢印と逆向きの矢印を TKE が示すようにフライトすること、XTK の値に応じて TKE を変えることが必要です。

　XTK が小さな値になったらヘディングを数度単位で変えて TKE を修正します。
　この方法は ILS と同じです。ヘディングを 2 度右に変えたければ、ゆっくりと右に変えたいヘディングと同じ量の 2 度のバンクを取り、ゆっくり戻すという方法です。

　ILS も TKE を使ったナビゲーションもヘディングを変え直線飛行をしてジグザグに飛ぶ、ただその修正量を非常に小さくするという飛び方は一緒です。

FUEL のセット

　G1000 の燃料表示は大型機のように直接タンクの中のセンサーが計った値を表示しているのではありません。G1000 がわかるのは燃料の消費量だけです。そこでパイロットが最初にその時に航空機に積まれている燃料の量を手で入力してやらなければいけません。

　G1000 が起動すると、燃料がフルでもなくエンプティでもない真ん中ぐらいの値にセットされます。正しく燃料の量を G1000 にセットしてから飛ばないと、G1000 はまだ燃料があると表示しながらタンクは空だったということが起こりえます。

　例えば。セスナの場合写真のようなスティックでタンクの残燃料を測ります。
　測った値を、G1000 の残燃料と比べて大きく違っていなければ、測った値を G1000 に入力します。例えば燃料が 46 ガロン入っていたとします。

　MFD の FMS ノブを操作して AUX ページの最初のページを出します。
　ここで ENGINE ソフトキーを押します。

次に出てきたページで SYSTEM のソフトキーを押します。

画面の左中央に USED　FUEL と REMAIN　FUEL が出てきます。表示されている 43GAL が測った 46GAL と大きく違わないことを確認したら、パネル下のソフトキー RST　FUEL を押します。

USED の値が 0 になり REMAIN の値が、満タンの 53GAL になりました。
ここでパネル下のソフトキー　GAL　REM を押します。

出てきた画面のマイナス 10 のソフトキーを 1 回押し、GAL　REM を 43GAL にします。

パネル下のソフトキー＋1 を 3 回押し、GAL　REM を 46 にします。
これで、G1000 の残燃料を実際に測定した燃料にすることができました。

バンク角の表示

G1000は小型機の計器を置き換えるために作られました。このため小型機のADIの形を受け継いでいます。この計器の表示方法はほとんどの現代のジェット機とバンクの表示方法が異なります。G1000のついた飛行機で、事業用操縦士や計器飛行証明の資格をとり、エアラインに就職する人は以下の点に注意してください。

PFDの上部バンクの表示にだけ注目してください。

G1000では、バンクインデックスが水平線と同じ角度傾き、三角形は常にまっすぐ上にあります。これに対して737-800やEMBRAER 175はバンクインデックスは常に機体に固定されており、三角形がピッチ目盛りの真ん中を左右に動きます。

この結果バンクを深くするべきか浅くするべきかが逆に見えます。

今 20 バンクで右旋回しているのですが、これを 30 バンクの右旋回にしたいときには、G1000 では三角の右に 30 のインデックスがあるので、そのまま 30 のインデックスの方に右に操縦桿を傾ければ良いことになります。

G1000 右 20 度バンク

これに対して737やエアバス、EMBRAERなどの実用機では、30度のバンクインデックスは三角マークの左にあります。バンクを右30度にしたいときには、30度のインデックスのある左にコントロールホイールを動かすのではなく、右に動かさなければなりません。

慣れれば無意識にできるのですが、両者に混在して乗る場合や、まだ慣れていないうちは、上部のバンクインデックスに頼るのではなく、茶色の地面と青の空の境の線に着目して、どちらにコントロールホイールを動かせばいいのか判断してください。

スティープターンの場合は45度のバンクはほぼ四角の表示域の対角線になります。

737-800 右 20 度バンク

G1000 の警報

　G1000ではPFDの右下に様々なアラートが出ます。アラートはWARNIN、CAUTION、MESSAGE ADVISORYの3つのカテゴリーに分かれます。下記はセスナNAV IIIのそれぞれの意味の定義です。詳しくはセスナ社の各モデルのPOH、DA42の場合はダイアモンド社のDA42のPOHを見てください。

　警報が出たら誤報かと疑うことなくただちに対処してください。

ALERT LEVEL DEFINITIONS

The G1000 Alerting System, as installed in Cessna Nav III aircraft, uses three alert levels.

- **WARNING:** This level of alert requires immediate pilot attention. A warning alert is annunciated in the Annunciation Window and is accompanied by a continuous aural tone. Text appearing in the Annunciation Window is RED. A warning alert is also accompanied by a flashing **WARNING** Softkey annunciation, as shown in Figure 13-2. Pressing the **WARNING** Softkey acknowledges the presence of the warning alert and stops the aural tone, if applicable.

- **CAUTION:** This level of alert indicates the existence of abnormal conditions on the aircraft that may require pilot intervention. A caution alert is annunciated in the Annunciation Window and is accompanied by a single aural tone. Text appearing in the Annunciation Window is YELLOW. A caution alert is also accompanied by a flashing **CAUTION** Softkey annunciation, as shown in Figure 13-3. Pressing the **CAUTION** Softkey acknowledges the presence of the caution alert.

MESSAGE ADVISORY: This level of alert provides general information to the pilot. A message advisory alert does not issue annunciations in the Annunciation Window. Instead, message advisory alerts only issue a flashing **ADVISORY** Softkey annunciation, as shown in Figure 13-4. Pressing the **ADVISORY** Softkey

（出典　セスナ NAVⅢ　GARMIN G1000 マニュアル）

WARNING Alerts　（172R, 172S, 182T, T182T, 206H, and T206H）

Annunciation Window Text	Audio Alert
CO LVL HIGH	Continuous Aural Tone
HIGH VOLTS	
LOW VOLTS*	
OIL PRESSURE	
PITCH TRIM**	No Tone

CAUTION Alerts (172R, 172S, 182T, T182T, 206H, and T206H)

Annunciation Window Text	Audio Alert
LOW FUEL L LOW FUEL R LOW VACUUM STBY BATT	Single Aural Tone

（出典　セスナ NAVⅢ　GARMIN G1000 マニュアル）

一酸化炭素検出装置の故障

Alerts Window Message	Comments
CO DET SRVC – The carbon monoxide detector needs service.	There is a problem within the CO Guardian that requires services.
CO DET FAIL – The carbon monoxide detector is inoperative.	Loss of communication between the G1000 and the CO Guardian.

（出典　セスナ NAVⅢ　GARMIN G1000 マニュアル）

対地接近警報　Terrain-SVS alert

　G1000には対地接近警報が備わっています。（機体によって付いていない可能性もあります）

　対地接近警報が作動したら、直ちにコントロールホイールを引き、ピッチを上げてエンジンパワーを最大にして上昇しなければなりません。過去多くの事故がせっかく警報が作動しているにも関わらず、パイロットが警報の意味がわからなかったり、ここで作動するはずがない、などと言いながら回避操作をせずに、山に衝突した事例があります。

　下の表は警報に使われる言葉です。これらの言葉が聞こえたら、ただちにコントロールホイールを引いてピッチを上げ、エンジンの出力を最大に上げるべきです。

Alert Type	PFD/MFD Alert Annunciation	MFD Pop-Up Alert	Aural　Message
Reduced Required Terrain Clearance Warning (RTC)	TERRAIN	WARNING - TERRAIN	"Warning; Terrain, Terrain"
Imminent Terrain Impact Warning (ITI)	TERRAIN	WARNING - TERRAIN	"Warning; Terrain, Terrain"
Reduced Required Obstacle Clearance Warning (ROC)	TERRAIN	WARNING - OBSTACLE	"Warning; Obstacle, Obstacle"
Imminent Obstacle Impact Warning (IOI)	TERRAIN	WARNING - OBSTACLE	"Warning; Obstacle, Obstacle"
Reduced Required Terrain Clearance Caution (RTC)	TERRAIN	CAUTION - TERRAIN	"Caution; Terrain, Terrain"
Imminent Terrain Impact Caution (ITI)	TERRAIN	CAUTION - TERRAIN	"Caution; Terrain, Terrain"
Reduced Required Obstacle Clearance Caution (ROC)	TERRAIN	CAUTION - OBSTACLE	"Caution; Obstacle, Obstacle"
Imminent Obstacle Impact Caution (IOI)	TERRAIN	CAUTION - OBSTACLE	"Caution; Obstacle, Obstacle"

Alert Type	PFD/MFD TAWS-B Page Annunciation	MFD Pop-Up Alert	Aural Message
Excessive Descent Rate Warning (EDR)	PULL UP	PULL-UP	"Pull Up"
Reduced Required Terrain Clearance Warning (RTC)	PULL UP	TERRAIN – PULL-UP TERRAIN AHEAD – PULL-UP or	"Terrain, Terrain; Pull Up, Pull Up" or "Terrain Ahead, Pull Up; Terrain Ahead, Pull Up"
Imminent Terrain Impact Warning (ITI)	PULL UP	TERRAIN AHEAD – PULL-UP TERRAIN – PULL-UP or	Terrain Ahead, Pull Up; Terrain Ahead, Pull Up" or "Terrain, Terrain; Pull Up, Pull Up"
Reduced Required Obstacle Clearance Warning (ROC)	PULL UP	OBSTACLE – PULL-UP OBSTACLE AHEAD – PULL-UP or	"Obstacle, Obstacle; Pull Up, Pull Up" or "Obstacle Ahead, Pull Up; Obstacle Ahead, Pull Up"
Imminent Obstacle Impact Warning (IOI)	PULL UP	OBSTACLE AHEAD – PULL-UP OBSTACLE – PULL-UP or	"Obstacle Ahead, Pull Up; Obstacle Ahead, Pull Up" or "Obstacle, Obstacle; Pull Up, Pull Up"
Reduced Required Terrain Clearance Caution (RTC)	TERRAIN	CAUTION – TERRAIN TERRAIN AHEAD or	"Caution, Terrain; Caution, Terrain" or "Terrain Ahead; Terrain Ahead"
Imminent Terrain Impact Caution (ITI)	TERRAIN	TERRAIN AHEAD CAUTION – TERRAIN or	"Terrain Ahead; Terrain Ahead" or "Caution, Terrain; Caution, Terrain"
Reduced Required Obstacle Clearance Caution (ROC)	TERRAIN	CAUTION – OBSTACLE OBSTACLE AHEAD or	"Caution, Obstacle; Caution, Obstacle" or "Obstacle Ahead; Obstacle Ahead"
Imminent Obstacle Impact Caution (IOI)	TERRAIN	OBSTACLE AHEAD CAUTION – OBSTACLE or	"Obstacle Ahead; Obstacle Ahead" or "Caution, Obstacle; Caution, Obstacle"

Alert Type	PFD/MFD TAWS-B Page Annunciation	MFD Pop-Up Alert	Aural Message
Premature Descent Alert Caution (PDA)	TERRAIN	TOO LOW – TERRAIN	"Too Low, Terrain"
Altitude Callout "500"	None	None	"Five-Hundred"
Excessive Descent Rate Caution (EDR)	TERRAIN	SINK RATE	"Sink Rate"
Negative Climb Rate Caution (NCR)	TERRAIN	DON'T SINK TOO LOW – TERRAIN or	"Don't Sink" or "Too Low, Terrain"

（出典　セスナ NAV Ⅲ　GARMIN G1000　マニュアル）

オーラルアラート

G1000では音声により以下の警告を発します。（オプションもあります）

Aural Alert	Description
"Minimums, minimums"	The aircraft has descended below the preset barometric minimum descent altitude.
"Vertical track"	The aircraft is one minute from Top of Descent. Issued only when vertical navigation is enabled.
"Traffic"	The Traffic Information Service (TIS) or ADS-B traffic system has issued a Traffic Advisory alert
"Traffic not available"	The aircraft is outside the Traffic Information Service (TIS) or ADS-B coverage area.
"Traffic, Traffic"	Played when a Traffic Advisory (TA) is issued (TAS system).
"One o'clock" through "Twelve o'clock" or "No Bearing"	Played to indicate bearing of traffic from own aircraft (GTS 800 only).
"High", "Low", "Same Altitude" (if within 200 feet of own altitude), or "Altitude not available"	Played to indicate altitude of traffic relative to own aircraft (GTS 800 only).
"Less than one mile" "One Mile" through "Ten Miles", or "More than ten miles"	Played to indicate distance of traffic from own aircraft (GTS 800 only).

（出典　セスナ NAVⅢ　GARMIN G1000　マニュアル）

Now here, you see, it takes all the running you can do, to keep in the same place.
If you want to get somewhere else, you must run at least twice as fast !

良くお聞き、この世界では同じ場所にとどまるためには、
全力で走らなければいけない。
もし他の場所に行きたければ、少なくともその倍の速さで走らなければならない!

（赤の女王　鏡の国のアリス　ルイス・キャロル）

付録

　前にも書きましたが、G1000 の取り扱いを練習するには紙の上だけでなく、フライトシミュレーションソフトとの連携が非常に有効です。

　このうち Xplane11 は、Windows10、MAC、Linux と、どの OS ででも動くのでお勧めです。さらにデフォルト状態で入っているセスナの G1000 モデルがかなり良くできています。購入を検討する人はデモ版がありますので、まずデモ版が動くかどうか確認してから購入できます。デモ版でも出発空港限定、時間が限られる以外はかなり使えますが、将来のことを考えると購入して、自分の好きな空港で飛ぶのが一番です。

　Steam の FSX は値段が安いのが特徴です。アドオンの機体やシーナリーの種類は豊富です。ただし Steam の FSX は 32 ビットプログラムなので、途中で飛行機を変えたりするとプログラムが止まることがあります。セールの時は 1000 円以下で買えるときもあります。ただし Steam の FSX はそのままの飛行機では、不十分です。G1000 がそれなりに使えるモデルとなると高価なアドオンソフトを買わなければなりません。またアドオンソフトは必ずしもうまくインストールできるとは限りませんし、インストールした後にさまざまな不具合を起こすことがあります。それを考えると基本は Xplane の方がお勧めです。

　勿論、両方もって使い分けるのが理想です。

　さらにもう一つ Prepa3d というソフトがあります。元は Steam と同じ Microsoft の Flight Simulator です。Steam の FSX と同様、アドオンの機体やシーナリーの種類は豊富です。プログラムが 64 ビットで書き直されているために、Steam 版よりは安定していますし、途中でプログラムが止まることもまずありません。

　通常版は高価なのが玉に傷です。学生版はリーズナブルな価格です。

　Xplane、FSX ともに後に述べる SIMiONIC の iPad 用ソフトと連携させることができます。

SIMiONIC　G1000

iPad 用のアプリです。GARMIN 社の G1000 をかなり忠実に模擬しています。

画面はまわりのスイッチやノブを表示させるモードと、後述のベゼルの中に入れてベゼルのスイッチやノブを使うために、画面は PFD または MFD の画面のみの 2 種類の画面を切り替えられます。

単体でも動かすことができ、速度計の横を縦に指でスライドさせるとエンジンパワーが上がります。後は iPad を傾けることで、上昇、降下、左右への旋回が行えます。

PFD と MFD の両方のアプリがあり、2 台の iPad があれば連動させることもできます。さらに PFD はフライトシミュレーションソフトの FSX や Xplane と連動させることができ、FSX と PFD、MFD 全てを連動させることもできます。

iPad 単体だと、スイッチの操作を覚えるのには良いのですが、飛行機の動きとの連動が良くわかりません。できれば Xplane などと一緒に使うことをお勧めします。

高価ですが、この SIMiONIC の G1000 にはベゼルがあります。通常の大きさの iPad をこのベゼルに入れ、線で結ぶと、本物の G1000 と同じようにスイッチやノブを動かしてコントロールできます。Xplane や FSX と連動させれば、あたかも実機で G1000 を使うように扱えます。

Memo

Memo

Memo

Memo

Memo

著者略歴

横田友宏

資　格
定期運送用操縦士
航空機関士
操縦教育証明
FAA ATP　multi engine land , single engine land
FAA　グライダー
気象予報士

経　歴
航空大学校卒
日本航空入社
ナパ操縦教官
B747機長
試験飛行室　テストパイロット
SAE-S7（コックピットの仕様を決める国際会議）委員
総合安全推進室次長
Flight safety foundation ikaros committee 委員
ASINET（パイロットからのヒヤリハットを元に提言を行う組織）作業部会長
B737-800機長
JALエクスプレス出向
総合安全推進担当部長
を歴任
2011年
スカイマーク　テストパイロット　ライン操縦教官
2018年
桜美林大学　専任教授

著　書
『安全のマニュアル』
『エアラインパイロットのための航空気象』
『エアラインパイロットのためのATC』
『エアラインパイロットのための航空事故防止１』
　　　　　　　　　　　　　　　　　　　（共に鳳文書林出版販売発行）
『国際線機長の危機対応力』　　　　　　（PHP新書）

```
禁無断転載
All Rights Reserved
```

2019年5月27日　初版発行　　　　　　　　　　　　　　　印刷　シナノ印刷

ガーミン G1000の使い方（初級編）

横田友宏著

鳳文書林出版販売㈱

〒105-0004　東京都港区新橋3-7-3

Tel　03-3591-0909　　Fax　03-3591-0709　　E-mail　info@hobun.co.jp

ISBN978-4-89279-448-3 C3040　￥3700E　　　　　　定価　本体価格 3,700円＋税